宝宝轻松带

U0325061

宝宝更强壮

《健康时报》编辑部 主编

水冰月 绘画

中国科学技术出版社

·北京·

目录
contents

喂养篇

小病篇

看护篇

其他篇

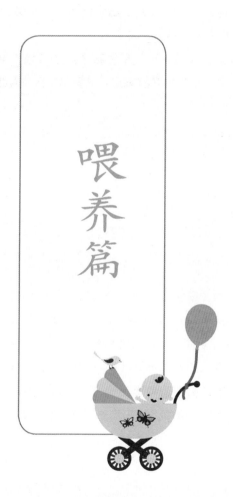

喂养篇

C 形手姿势更利排乳

哺乳的时候，妈妈都喜欢用食指和中指呈剪刀式夹托乳房，一边挤压一边喂奶。其实这种传统的手法应该避免。正确的手型是呈 C 型，将乳房托起，这样更利于排乳。

顺产的妈妈分娩后应该尽早跟孩子皮肤接触，早吸吮，早开奶；对于剖宫产的宝宝，在产妇麻醉药退后清醒 30 分钟内即可进行哺乳，每次可持续 10 ~ 30 分钟。

（吴 志）

喂奶时间别超过 20 分钟

有的妈妈为了哄宝宝，一次哺乳要一两个小时，这是一种不好的习惯。一般每次哺乳应在 15 分钟左右，最好不要超过 20 分钟。

从孩子的角度讲，婴儿的胃容量较小，少食多餐有利于消化吸收；从母亲的角度讲，长时间持续喂奶不利于乳房健康，因为即使健康的孩子的嘴里也有细菌（细菌种类和数量在正常范围内），乳头长时间处于细菌和孩子的唾液环境中，很容易患急性乳腺炎和乳头皲裂。

（廉万营）

躺着哺乳影响视力

婴儿期是视觉发育最敏感的时期，如果眼睛经常被遮挡，连续几天时间，就有可能造成被遮挡的眼睛永久性的视力异常。因此，别随意用物品遮挡宝宝的眼睛。比如：有些妈妈习惯长时间用侧卧姿势给宝宝喂奶，会使宝宝一侧眼睛被遮挡，所以提倡坐位哺乳。

（南亚华）

母乳太多要冷处理

母乳过多如何保存呢？南京市中西医结合医院妇产科护士长张吉华介绍说，要用吸奶器吸出来冷藏或者冷冻，留给宝宝以后食用。

母乳冷冻保存期可达 6 个月之久，冷藏只有 24 小时。可以买一些无菌储奶袋，或使用经过蒸汽消毒的能耐高温和低温的器皿。宝宝要吃奶时，将冷冻的母乳取出，自然解冻，然后放入温水中加热，待奶温达到 35℃ 左右就可以喂给宝宝了。不过还是建议尽量给宝宝喂新鲜母乳，奶水过多可在医生的指导下科学调理饮食。

（杨 璞　侯晓云）

冰冻的母乳别直接加热

很多上班族妈妈坚持母乳喂养，于是不得不将母乳提前挤出，并冷冻起来。不过，冷冻后的母乳，不宜直接用火或微波炉加热，这样会破坏母乳中的营养。

正确的做法是，先将密封袋放置在冷藏室或室温中慢慢解冻退冰，解冻后轻轻摇晃，让乳汁及脂肪混合均匀，然后倒入奶瓶中，连瓶放在50℃以下的热水中温热即可。

温热过的母乳未喝完应赶紧倒掉，不能重新冷藏起来用于下一次喂哺。解冻后的母乳可放在冰箱中冷藏，应避免放在冰箱门边上，以免冰箱门口温度不稳定，导致乳汁变质。冷藏后的母乳应在 24 小时内吃掉，且不能再次冷冻。

（湖南省儿童医院新生儿四科护士　陈可亮）

吃母乳可致生理性腹泻

空军总医院儿科主任徐华提醒：有一种腹泻属生理性腹泻，即宝宝出生后不久就出现腹泻，排便次数多，但无不适和腹痛，大便稀，食欲好，无恶心呕吐，生长发育不受影响。此类腹泻发生于母乳喂养的小儿，当添加其他食物后会逐渐好转，不需治疗，能自然痊愈。

（王　琳）

腹泻宝宝多喝前奶

母乳喂养的孩子腹泻时不要轻易断奶。可缩短每次喂奶的时间，让孩子吃前一半乳汁。因为前半部分母乳（前奶）的蛋白质含量多，易消化，而后半部分母乳脂肪含量多，不易消化。母亲还可在喂奶前半小时至一小时，先饮一大杯淡盐温水稀释乳汁，再哺乳。

（亚　华）

冲奶粉要先放水

生活中，冲调奶粉时，相信有很多人都习惯先放奶粉，再放水。可是这样的方法并不适用于宝宝。

给宝宝冲奶粉时，正确的方法是先放水，再放奶粉，这样才不会破坏奶粉中的营养成分。

具体的操作方法是：先将调好温度的水倒进奶瓶中，然后加入部分奶粉，轻轻平晃奶瓶，使奶粉溶解，再加入余下的奶粉，晃至完全溶解为止。

需要注意的是，奶粉一定要按说明书上规定的量添加，有的父母总是担心孩子吃不饱，说明书上说放一平勺，家长每次都会让平勺"冒尖"。其实，过量的奶粉宝宝吸收不了，很可能会给宝宝胃肠造成负担。

另外，摇晃奶瓶的时候一定要轻晃，防止奶水溢出。

（西安交通大学第二附属医院主治医师　刘海燕）

奶粉勺也需消消毒

每次给宝宝冲完奶粉后，你会直接把奶粉勺放回奶粉罐吗？相信很多家长是肯定回答。这样做易造成宝宝拉肚子，正确做法是每次把奶粉勺和奶瓶一起消毒。

新生婴儿胃肠道发育尚未完善，消化吸收能力、抵抗力都弱，如果饮食有污染，就易导致肠道感染。大家觉得洗干净了的手，还是有很多肉眼看不到的细菌，它们黏附在手拿过的奶粉勺上，待奶粉勺放回奶罐里时，细菌就会落到奶粉里进一步滋生和繁殖。

除每次用后消毒外，还可以把每罐奶粉里自带的奶粉勺收集起来消毒，轮流使用。

（湖南省儿童医院新生儿四科护师　何　丽）

宝宝厌奶的五大原因

不喜欢用奶嘴吃奶，是宝宝厌奶最常见的原因，可选择接近妈妈乳头的奶嘴，把奶嘴多煮煮，让它变软，宝宝或更易接受。

不喜欢奶粉味道，是宝宝厌奶的第二个原因，可换个接近母乳味道的奶粉试试；

宝宝到了厌奶期是第三个原因。4 个月左右时宝宝逐渐成熟，一方面添加了辅食，可能更喜欢新口味食品；另一方面，宝宝的听觉视觉有了突破性进展，心思不在吃奶上了。

喂奶方式不对也会导致宝宝厌奶，因奶瓶角度不当，压到舌头，使宝宝喝不到奶，最好将奶瓶以 45°角轻放到宝宝嘴里。

宝宝有口腔或其他疾病应及时就医。

（济南市儿童医院皮肤科主治医师　史传奎）

奶粉喂养也有诀窍

很多新妈妈的母乳不足，不得不用奶粉喂养。其实，奶粉喂养也有好处：一来便于掌握宝宝的食量；二来其他家庭成员也能有机会亲手喂宝宝。但需掌握一些技巧才行。

测试温度：给宝宝喂奶前应先测试奶水的温度，先滴几滴在手腕上，达到温热而不过烫的程度即可。

松松瓶盖：婴儿吮奶嘴时瓶内产生的压力会使奶嘴头折叠，造成吮吸不畅，这时应先把奶嘴撤出，稍微松开瓶盖上的圆环使空气进入。

寻乳反射：喂奶前，用手抚摸宝宝脸颊，他会自动将头转向你，同时张开嘴等待吮奶。

以 45°角：将奶嘴放进婴儿口中，将奶瓶以 45°角拿好，这样奶瓶前部充满了牛奶，不会有气泡产生，从而预防宝宝打嗝。

抽出奶瓶：如果宝宝喝完牛奶后，还未松开奶嘴，或者你想抽出奶嘴来拍拍他，可将小拇指滑进宝宝嘴中，以排去吸力。

（湖南省儿童医院康复一科　李惠枝）

配方奶粉按时喂

喂奶到底应该按时喂还是按需喂？对此，连很多育儿书的说法都不一致。第二炮兵总医院儿科主任李芳介绍这一点其实很好掌握，母乳喂养主张按需哺乳，孩子想吃的时候就喂，孩子说了算；如果是配方奶喂养就主张定时喂养，家长按时按量地给孩子喂奶，孩子哭未必是因为饿，可能有别的原因。

（莫　鹏）

混合喂养两周后补维生素D

小儿每天维生素 D 的生理需要量为 400~600 单位。每天如能保证供给这一剂量，多可预防佝偻病的发生。

混合喂养的孩子宜在出生两周后开始添加维生素 D，家长应仔细计算每天经配方奶或强化奶粉摄入维生素 D 的剂量后，予以补充；或在医生的指导下决定需补充的剂量。此外，对营养不良、体质较弱及生长发育过快的孩子来说更应注意及时补充维生素 D 以防发生佝偻病。

如果你的宝宝经过医生检查确定缺少钙和锌，那么在补充时就一定要遵守"先锌后钙"的原则。最好采用白天补锌、晚上补钙的方法，这样吸收效果往往会更好。

钙和锌的吸收原理非常相似，同时补充容易使两者产生"竞争"，互相受到制约。而且钙在体内的含量远远多于锌，也较之锌更为活泼，同时补充就会大大影响到锌的吸收。所以说，这两种微量元素最好分开来补。

（贺军成）

米汤冲奶防便秘

清代名医王士雄在《随息居饮食谱》中说："贫人患虚证，以浓米汤代参汤，每收奇迹。"米汤里含丰富的B族维生素、烟酸和磷铁等，还有一定的碳水化合物及脂肪等营养素，饮用米汤有助于消化和对脂肪的吸收。小宝宝吃奶粉多易生热气，引起便秘，若用米汤冲奶就能解决这些问题。

（博 恩）

爸妈多用心 宝宝放心吃

食品安全问题频发，让很多爸妈担心宝宝的饮食安全，其实，只要平时爸妈多用心，宝宝就能吃得放心。

选食品有两招。武警总医院营养科主任李卉建议，购买前注意两点，一是食品包装上有无蓝色的QS标志，该标志下边在QS后有由12个数字组成的编号，可在国家技术监督局网站上查到；二是购买饼干、奶油蛋糕等食品时，看看里面的成分，如有氢化植物油，即人造奶油，就不要买了。

尽量自己做。武警总医院营养科医师王环宇建议，尽量亲手为宝宝制作食物，且尽可能选用新鲜的富含有机物的食物。另外，周岁内孩子的食物不宜添加佐料。

避免农药残留。给孩子吃水果前要将水果洗净，再去皮。蔬果上残留的农药，有的可用水泡一下，有时则要用热水焯一下。

奶粉选有机的。选择奶粉时，尽量选有机的，因为这类奶粉来源相对安全，奶牛在生长过程中本身不使用抗菌素。

（《健康时报》驻武警总医院特约记者 张 静）

胖娃娃补钙 多喝奶无益

一项发表在最新的《儿科学》杂志上的研究报告表明：儿童喝的牛奶越多，不一定对骨骼越有益；运动及食用适量富含钙的食品（如豆腐）会促进骨骼发育。

研究报告说，儿童通过喝 1 杯牛奶所摄取到的能吸收的钙，可通过 1 杯强化橙汁、2 包速溶麦片、2/3 杯豆腐或一杯半多的卷心菜等摄取到。而对于那些肥胖的儿童来说，奶制品不仅能提供钙质，还能提供 18％ 的热量和 25％ 的脂肪。

这份报告主要针对 7 岁以上儿童。在这份报告的注解里，美国威斯康星大学的儿科医师弗兰克·格里尔说，使骨骼健康发育的理想方法是，让孩子锻炼且每天最多摄取 1300 毫克的钙。

（赵娅如 编译）

两岁前补钙选有机钙

由于宝宝体内的胃酸浓度较低，所以补钙最好为其选择葡萄糖酸钙、乳酸钙等有机钙。2 ～ 3 岁以后，宝宝的胃酸浓度逐渐增高，就可以吃含钙丰富的无机钙了，如碳酸钙。钙剂最好在两餐间服用。

（贺军成）

太阳下抽搐可能缺钙

晒太阳补钙，同时也是一个发现孩子缺钙的途径。有的婴儿会在太阳下突然抽搐，称为婴儿手足抽搐症。这是因为晒太阳可以促进体内维生素 D 的合成，加速血钙向骨骼转移，如果婴儿甲状旁腺反应迟钝，不能使骨骼中的钙游离到血液中，导致血钙下降且低于正常值，神经肌肉的兴奋性就会增强，引起局部甚至全身抽搐。

（朱本浩）

妈妈记住"早锌晚钙"

做完检查，医生有时会给宝宝开出一些补充剂，比如钙剂和锌片等，叮嘱爸妈按时给孩子服用。不过，有些事项需注意。

首先，爸妈应记住"早锌晚钙"，因为白天补锌，吸收效果好，而且可以和钙剂分开。在晚上补钙好，因为睡眠时是最长身体的时候，也是骨骼对钙吸收力最强的时候。在睡前给宝宝服用钙制品，让钙能够充分吸收。

补钙最好要与晚餐间隔半个小时以上，因为如果在吃饭的时候服用钙制品，胃里面塞满了太多的东西，而混在食物中的钙只能吸收20%左右。也不宜将钙剂溶入奶中服用，过多的钙离子会使牛奶出现凝固现象。

另外，人体每次摄入钙低于或等于50毫克的时候，钙的吸收率是最高的。所以，爸妈每次给宝宝服用钙制品时量可以少一点儿，分多次服用。

（湖南省儿童医院呼吸一科护士 楚怡凤）

营养剂过量也不好

很多家长觉得，给孩子服用维生素类药物和一些补剂、营养剂等比较好，但这些也需要适量对症服用才能有效。

过量服用鱼肝油(维生素 A、维生素 D)会致维生素 A 中毒，出现毛发枯干脱落、皮肤干燥瘙痒、胃肠道反应等症状。另外，维生素 A 服用多了会影响骨骼发育，对软骨细胞造成不可逆的破坏，骨骼只长粗而不长长，使孩子成为一个长不高的人。

过量服用维生素 C 会产生胃肠道反应，易于形成肾、膀胱结石。锌制剂过量可引起恶心、呕吐、发热、眩晕、嗜睡、贫血等毒性反应。人参、蜂王浆内含有激素样物质，服用过量，儿童会出现发育早熟现象。胎盘球蛋白针并不是增强体魄的强壮剂，切不可随意注射。

（《健康时报》驻哈尔滨医科大学四院特约记者　刘宇）

勾点芡，孩子吃得热乎

南京市中西医结合医院儿科副主任医师丁申说，冬季时妈妈挑选宝宝的食物，应以温热性的食品为主。适于冬季吃的水果有：苹果、梨、猕猴桃、香蕉、柚子、橘子等；适于冬季吃的动物性食品有：猪肉、牛肉、羊肉、鸡肉、鱼、虾等。另外，冬季饭菜热量散发较快，孩子吃饭又慢，所以可以用勾芡的方法以使菜肴的温度不致降得太快，如羹糊类菜肴。因为户外活动减少，不少孩子冬天食欲减退，一些家长便强迫孩子进食。其实这样反而不好，因为硬逼着孩子吃易导致积食，更容易上火生病。

（杨璞　侯晓云）

山药粥久煮功效降

　　山药中的淀粉酶有滋补功效，但怕高热，在高热中久煮，功效会丧失。因此，在给久咳不愈的孩子煮山药粥时，时间不可太长。一般是用一段山药，去皮切成小块，放入食品粉碎机内，再加半碗水，将山药加工成稀糊状，再倒入小锅内煮，一边煮一边搅，当山药烧开冒泡了，就关火。最好在孩子空腹时喂食。

（李漾）

香菇饭助长个

　　南京市中西医结合医院儿科主任边逊说，过多摄入糖类易使体内的钙和维生素 D 被消耗掉，导致身体缺钙，限制孩子长高。也不要一味地给孩子吃过多的肉食，一些素菜也有增高的作用。

　　为孩子长高不妨吃点香菇饭。因为香菇中的维生素 D 含量很丰富，干香菇中钙、磷、铁等矿物质含量也较多，铁的含量比菠菜高出 8 倍以上，锌的含量是奶粉、大豆的 3 倍以上。干香菇经过日晒，维生素 D 含量更高。

（杨璞　侯晓云）

宝宝不愿吃饭怎么办

宝宝不愿吃饭有很多原因。有宝宝自身的原因，也有家长的原因。

宝宝的原因：身体不适、发热、肚子痛、口腔发炎、消化液分泌不足、对所进食物过敏等。

家长的原因：有时可能是主要原因。宝宝吃饭没有兴趣；宝宝吃饭时间太长，家长追着喂；家里随时都有零食吃；妈妈在宝宝面前对别人说，我宝宝不愿意吃饭，宝宝得到了这个暗示便不想吃饭了。

以上情况造成宝宝长期不好好吃饭，导致体内微量元素——铁、锌缺乏，出现贫血、异食癖等，就真的不愿吃饭了。

解决办法：只要是宝宝能取拿勺子，就要让孩子自己吃；缩短吃饭时间。狠下心来让宝宝知道，如果这顿饭不吃，家里就没有任何东西可以充饥；可以约上别的小宝宝到家里来一起吃饭，让宝宝有竞争压力；当着宝宝的面在外人面前表扬宝宝吃饭好。

过食山楂加重积食

河南省中医院主任医师侯江红说，有不少家长喜欢给孩子吃点山楂制品，如山楂片、山楂条等，目的是消食。但也要注意，山楂制品不宜久吃多食，山楂吃多了会生内热，反而加重积食。家长可以选择一些中成药给孩子服用。

（徐尤佳）

饭前吃糖易致腹胀

南京市中西医结合医院儿科主任边逊介绍说，宝宝饭前吃糖过多，易伤脾胃。大量的糖液充斥在胃里，并和食物一起到了肠道内慢慢发酵，导致腹胀。还会使宝宝体内的 B 族维生素大量流失，出现食欲不振等。如果要给宝宝吃糖，应在饭后 1～2 小时或午睡起来后吃一点。

（杨璞 侯晓云）

四类饮食易致宝宝结石

门诊中，碰到不少七八岁的孩子被查出肾结石。家长不禁惊讶，那么小的孩子怎么会得结石呢？这主要和饮食有关。

第一是高蛋白、高脂类饮食，因结石中有个叫草酸钙结石的家伙，它的来源就是蛋白质；而脂肪可减少肠道中可结合的钙，使草酸盐的吸收增多，当机体不能及时排泄出多余的钙、草酸时，就形成结石。

第二是高嘌呤类饮食，如菠菜、动物内脏、海产品等。嘌呤在人体代谢后的最终产物是尿酸，而尿酸可促进尿中草酸盐沉淀，当嘌呤代谢失常时，草酸盐便在尿中沉积而形成结石。

第三就是高糖食物，特别是乳糖，可促进钙吸收，大量摄入也会导致草酸钙在体内积存。

第四是含草酸高的食物，如菠菜、茶叶、土豆、番茄、橘子、竹笋等，吃太多这类食物也会使体内草酸含量升高。

温馨提示：如果孩子突然出现腹痛、哭闹不止，并伴有恶心、呕吐，甚至排尿困难、血尿、牵拉阴茎等，就需警惕"石头"来袭。

（武汉市中心医院儿科 刘雁飞）

多吃蔬果不招蚊

蚊虫肆虐传播的可怕疾病有：流行性乙型脑炎、登革热、疟疾、丝虫病、黄热病等。经常吃新鲜蔬菜和水果等碱性食物就不易被蚊虫叮咬；如果常吃高蛋白等肉类食物，汗液呈酸性，就易招蚊子。所以，要给孩子多吃清淡、营养的食物。

（邓永超）

黄梅天少吃驻湿瓜果

江苏省人民医院儿科副主任医师陈辉提醒：黄梅天小患者患病多反复发作。家长平时要加强孩子的身体锻炼，根据天气变化随时给孩子增减衣物；注意饮食卫生，少吃西瓜等"驻湿"的瓜果。杨梅、桃子等时令鲜果要适量取食。

儿童可多吃丝瓜、冬瓜、葫芦、黄瓜、豆腐等具有利湿清热作用的开胃食品，少吃或不吃冷冻食品和膨化食品。黄梅天，阳光照射较少，建议2岁以下儿童适当补充鱼肝油。

（宫丹丹）

当心宝宝吃瓜子壳

因为瓜子壳味道太香，6 岁的小宝宝连壳吞下一大堆，导致肠梗阻。医生和护士联合从宝宝肛门里抠出了很多瓜子壳。广州医产大学附属港湾医院副主任医师邓勇提示，现在很多瓜子口味五花八门，什么奶油味、茶香味、茉莉味，味道大多在壳上，小孩可能是觉得好吃，就直接吞下去了，家长要引起注意。

（赵雪峰）

看便便调整饮食

婴儿大便中有大量泡沫，呈深棕色水样，带有明显酸味。这可能是由于婴儿摄入过多的淀粉类食物，如米糊、乳儿糕等，对食物中的糖类不消化引起的，如果排除肠道感染，应该调整一下饮食结构。

当宝宝摄入过量蛋白质时，大便往往会恶臭如臭鸡蛋味。应注意配方奶浓度是否过高，宝宝进食是否过量。还可以给宝宝用点多种维生素制剂，以帮助消化。

（吴 志 葛建伟）

 # 打嗝舌下含点糖

湖南省儿童医院感染二科贺桂芝医生说，孩子打嗝时试试在舌头下面放一勺糖，可能会奏效。不过，这种做法的科学解释还不是很清楚。有的医生解释说，糖可以刺激喉咙后侧的神经，而一旦神经受到刺激，它就会中断体内的神经信号，其中也包括引起打嗝的那条神经。

小病篇

按按皮肤查新生儿黄疸

南京市妇幼保健院韩树萍和钱莹医生告诉家长：新生儿黄疸是从头开始黄，从脚开始退，而眼睛是最早黄、最晚退的，所以家长可先从孩子眼睛观察。如果实在不知如何看，可以按按身体任何部位的皮肤，只要按压的皮肤处呈现白色就没有关系，若是黄色就要注意了。如果宝宝越来越黄，精神及胃口都不好，或出现体温不稳、尖声哭闹等状况，就要去医院。

生理性黄疸多晒太阳

60%~70% 的足月儿和几乎所有的早产儿都可能发生生理性黄疸，足月儿于两周内消退，早产儿于第 3 周或第 4 周末消退。家长可将宝宝床移至窗边接触日光，加速胆红素的排泄，促进生理性黄疸尽快消退。如果是病理性黄疸，则要尽快就医，因为耽误了会引起宝宝大脑损伤。

（周月娥）

三招护肝要记牢

据统计，因消化系统疾病而住院的患者中，肝脏疾病患者能占到1/3。而一般认为，肝脏疾病约85%是由病毒、化学物质、酒精（或营养不良）等三大因素所致，其余约15%与代谢或其他先天异常的遗传因素有关。因此，日常护肝很重要。

接种乙肝疫苗。注意个人卫生，避免感染。减少及避免与乙肝患者的密切接触，但一般的接触（握手、交谈、共餐）不会引起乙肝传播。

注意安全用药。别自行在药店买药用药，尤其是各种感冒药及退热药。感冒药中的常见成分——对乙酰氨基酚，是引起肝损害甚至肝衰竭的最常见药物。

不养胖小孩儿。饮食不宜油腻及热量过高，尤其是孩子，爱吃"洋快餐"和饮料，这些都不能摄入太多，否则会加重肝脏的负担。注意锻炼，避免肥胖。

温馨提示：除日常这些护肝事项外，还要定期体检，因为在肝脏疾病早期，症状微乎其微，很难及时发现。检查方法都较简单，一般抽血即可。

（湖南省儿童医院肝病中心　李双杰　唐莲）

黄疸宝宝≠肝炎宝宝

"我家宝宝肤色这么黄，难道是得了肝炎？"常有家长焦急地这样问。的确，很多情况下，黄疸和肝功能异常有关，但并不是说黄疸宝宝就一定是感染了肝炎，黄疸的诱因很多。

一是母乳性黄疸。母乳中含孕二醇激素，可抑制宝宝肝脏中葡萄糖醛酸转移酶的活力，使血液中的胆红素不能及时代谢和排泄，导致出现黄疸。判断标准：停母乳 3~5 天，黄疸明显下降，再次哺乳，黄疸又上升。

二是感染性黄疸。因病毒感染或细菌感染而发生。病毒感染多为宫内感染，如巨细胞病毒和乙型肝炎病毒；感染性黄疸的特点是，生理性黄疸持续不退或消退后又出现。坚持产前保健、检查，可预防感染性黄疸。

三是阻塞性黄疸。多由先天性胆道畸形引起，以先天性胆道闭锁较为常见。诊断依据：出生后 1~2 周或 3~4 周出现黄疸，逐渐加深，同时大便颜色逐渐变为浅黄色，甚至呈白陶土色。

温馨提示：不论何种原因，黄疸严重时均可引起"核黄疸"，除造成神经系统损害外，严重的甚至会引起死亡。黄疸重在预防，如孕早期防止弓形体、风疹病毒感染；宝宝出生后防止败血症；新生儿出生时应接种乙肝疫苗等。

（湖南省儿童医院肝病中心　刘　琴　曹　敏）

"黄宝宝"护理三注意

宝宝得了黄疸，家长一般无需担心，注意观察，做好护理即可，以下三招需记牢。

勤观察。宝宝得黄疸，一般是从头开始黄，从脚开始退，眼睛是最早黄、最晚退的，因此可密切关注宝宝的眼睛。还可按压宝宝身体任何部位的皮肤，如按压处皮肤呈黄色，需注意了；另外，看有无神经系统的变化，如拒食嗜睡，肌张力减退，尖声哭闹等，要及早就医，以便及早发现胆红素脑病。

多晒晒。白天屋里不应太暗，应该让宝宝多接触窗旁的自然光，这有利于光照退黄，但不要直接晒太阳，以免晒伤。

喂母乳。黄疸期间应耐心喂养，少量多餐，保证奶量摄入，注意观察宝宝大小便次数，良好的喂养方式可促进肠道蠕动增加，促进胆红素排出。

（健康时报驻空军总医院特约记者　高　阳　王　琳）

糯米葱粥快速止涕

孩子着凉流鼻涕，家长可试试糯米大葱粥。锅中放入一半水，放入糯米，大火烧开后，用小火熬至糯米开花，最后放入葱白，继续熬煮，熬到葱白几乎溶化就可以了。孩子喝了，可能立刻就停止流鼻涕了。不过要注意，糯米要少，水要多，一般要熬 40 分钟以上最有效果，且现熬现喝。

（刘双云）

新生儿打喷嚏没事

小儿出生后不久，会经常打喷嚏，只要不流鼻涕，不一定是感冒。有好多家长认为新生儿打喷嚏是着凉了，就多加衣服，捂得小儿全身都是汗，结果更容易感冒。婴儿打喷嚏通常是因为吸入了灰尘或刺激性的气体所致，打喷嚏能把吸入的灰尘排出来，这倒是件好事。另外一个原因是由于鼻孔里有干鼻痂引起鼻痒导致打喷嚏，家长用小镊子把鼻痂轻轻夹出来就好了。

（肖冬梅）

摸摸鼻尖能判冷热

　　南京市中西医结合医院儿科主任边逊医生说，宝宝3岁前还不会表达冷热，家长在给宝宝穿衣服时，要注意观察。如果穿得过少，宝宝双颊会变得苍白或发青。或者摸摸宝宝的鼻子，如果鼻子是暖的，那么宝宝基本不会觉得冷，鼻子凉，就需要多穿衣服。3岁以后的宝宝可以和成人穿得一样多。

（杨　璞）

三个热水袋驱风寒

　　山东省泰安市的杨新华说，如果出门不小心着凉了，回家后多灌几个热水袋，不要太烫，让孩子躺在床上，在肩胛骨间、腹部和脚上各放一个，背部垫块毛巾，让孩子出汗，驱除体内的寒凉，然后再喝温水，这样及时补救会使孩子远离着凉感冒。

感冒发汗，见汗即止

春天气温多变，忽冷忽热，孩子容易感冒。家长要灵活给孩子增减衣服，尤其要注意足、膝、背的保暖。受凉感冒后，如果需要用食物或药物发汗时，要见汗即止，不可太过，否则容易导致虚脱。而且如果不及时更换汗湿的衣服，反而会加重病情。

饮食上，蛋白质的摄入以鸡蛋或豆制品为佳，暂不食鱼、虾、肉类，还要多吃蔬果。

（周海银）

感冒宜静不宜动

研究表明，儿童感冒发展为急性病毒性心肌炎的原因有二，一是未及时就诊，二是运动过多。病毒性心肌炎是儿科常见病，发病以 3～18 岁者多见。典型病例患者在出现症状之前数日有感冒史。儿童自我保护意识差，即使感冒期间也会奔跑、打闹、嬉戏，这会增加心脏负担，使感冒加重进而诱发心肌损伤甚至发展成心肌炎，所以家长应提醒感冒患儿以静养为主。

（王小衡）

孩子感冒喝点蜂蜜

体弱体虚的儿童可多食蜂蜜以增加免疫力。佝偻病的患儿每天 2~3 次口服 30~50 克蜂蜜，可促进佝偻病的好转。感冒的儿童每天两次，每次一杯蜂蜜水，可促进感冒痊愈。睡眠不好的儿童睡前 30 分钟喝一杯蜂蜜水，可改善睡眠。此外，蜂蜜还能增加小儿的食欲，减少便秘，有助于治疗儿童贫血。但需注意，食用量要适当，一周岁内的孩子，不宜服用蜂蜜。

（汤孟平）

感冒后补点益生菌

感冒好了，胃口却差了，好多小宝宝都会这样。南京市中西医结合医院儿科主任边逊说，为了治疗感冒而使用的抗生素，灭菌时往往"好坏通杀"，容易造成孩子肠道菌群紊乱，家长可适当给孩子补充益生菌，或喝酸奶也可以。

（杨璞 朱群）

发烧时牛奶兑点水

发烧时小儿饮食应以清淡为主，便于消化及吸收。以流质或半流质为宜，多食蔬菜及水果。当小儿高热时，体内的消化和吸收功能相对减弱，消化酶分泌减少，活性也相对降低，而且体内高温容易使蛋白质变性，蛋白质不容易消化吸收。因此可适当将牛奶冲淡一点，还能给不愿喝水的小儿多补充一些水分。

（南亚华）

"打马过天河"助退热

小孩发烧首选物理方法降温。北京按摩医院许田医生告诉大家，有个穴位也可清热。

在小儿前臂内侧正中，从腕横纹中点到肘关节横纹中点的直线，是儿科推拿的常用穴位，名叫天河水。沿着该穴位用食指和中指蘸水像弹琴一样轻敲，同时用嘴吹气，名叫打马过天河。这种手法相当于在孩子高温的身体上开了个小小的散热窗。家长可以学习推拿，两臂交替反复推拿。孩子刚开始有热象时，拍打100下即可，如果体温升高了，可增加到300～500下。但应注意，本手法只可作为退烧的辅助方法。

（黄小芳）

柠檬汁袜能物理降温

宝宝发烧时，除了必需的药物退热外，还可以通过改善下肢以及脚部的血液循环，进行物理降温。

用1～2只柠檬带皮榨汁后，将柠檬汁煮沸，再把一双棉袜浸到柠檬汁里，取出稍晾片刻，将温热的棉袜套在宝宝的脚上，注意不能太烫，免得弄伤宝宝。再将宝宝的脚用衣物裹起来保温，袜子稍凉后脱下，必要时1小时后可重复操作一次。

（贺军成）

冰额头，不如温水擦身

用冰枕或冰敷额头退烧，是许多家长常采用的方法。但6个月以内的宝宝不宜使用这种方式，因为小宝宝易受外在温度影响，使用冰枕会导致温度下降太快，让宝宝难以适应。另外，宝宝发烧时全身温度都升高，局部冰敷只起到局部降温作用，倒不如温水擦拭全身效果好。温水擦浴就是将毛巾放入37℃左右的温水中浸湿并拧干，擦拭孩子的四肢和前胸后背，同时还可以再用稍凉的毛巾擦拭宝宝的额头、脸部。需要注意的是：在进行这些降温处理时，如果孩子有手脚发凉、全身发抖、口唇发紫等寒冷反应，要立即停止。

（凌忠容）

蹲下来试试穿堂风

冬天室内空气干燥，温度较高，很多人会开窗通风。如果家里有小孩子就要注意了，因为热气往上升腾，窗外进来的冷空气自然下沉，贴近地面，孩子的身高在一米左右，身体的大部分都处于冷空气中。如果孩子坐在地板上玩耍，更是置身在"穿堂风"里了，时间长了就会着凉。最好的方法是：家长蹲下来感受一下，如果有风，就改一下通风时间和方式。

（杨新华）

总咳嗽可能脾胃虚

河南省中医院儿科王中玉副教授说，孩子久咳不愈可能是因为脾胃功能虚弱，正气不足，导致咳嗽难以治愈。应在调理肠胃的基础上治疗咳嗽。可以在宝宝服用消炎药的同时服用健胃消食口服液，还可配合推拿捏脊、穴位贴敷、雾化吸入等方法多管齐下。平时的饮食则要多吃一些有利于补脾胃的食物，如红枣、薏米等。

（戴秀娟）

鸡蛋花蜂蜜能止咳

蜂蜜水可以止咳，如果再加上鸡蛋，效果就会更好。具体的办法是：将一个鸡蛋用滚烫开水冲成蛋花，待稍冷却后加入蜂蜜 1 勺，滴入香油少许，每天早上让咳嗽的孩子空腹喝下。喝 10 ~ 15 天能够见效。

（郭旭光）

百日咳：咳起来像鸡鸣

南京市第二医院感染病科接连收治了多名百日咳患儿，年龄最小的刚满月。百日咳咳起来非常厉害，尤其是痉挛性的咳嗽后有一种鸡鸣似的回声。有些父母错误地认为，百日咳怎么着也要咳一百天，结果耽误了最佳的治疗时间。感染病科主任魏红霞指出，一般痉挛性咳嗽持续 2 ~ 6 周以后症状会慢慢减轻，要经过 2~3 个月，症状才会完全消失。患儿应及早就诊，积极进行抗感染处理，可以缓解症状，缩短病程。

（嵇旭东　韩　歌）

哮喘宝宝中午别外出

午间及午后是空气中花粉飘散浓度较高的时间，所以这个时候，容易过敏的宝宝或者哮喘患儿应尽量减少外出。在风沙比较大的地区，出行时也要注意。

另外，哮喘患儿室内要保持温暖、干燥，室内陈设力求简洁。

（邓 映）

冬季穿衣多一件原则

新生儿只要手脚和头部温温的，没有汗，就说明不冷。在冬季，孩子比成人多穿一件，是总体原则。以下情况灵活掌握，比如，宝宝安静时比玩耍时要多穿一件，当宝宝精力旺盛、手舞足蹈时，可适当减少衣物，运动后再添。室外比室内要多穿一件，出门时不要用衣被包裹得太厚太紧，最好给宝宝戴上帽子和手套。

（何金华）

随便降火诱发腹泻

南京市中医院儿科副主任中医师隆红艳说，婴幼儿绝对不能盲目降火，否则会出现腹泻、腹痛、咽痛、咳嗽等问题，还会诱发扁桃体炎、咽炎。孩子拉肚子很伤身体，要多喝盐开水，吃点山药、米仁粥。喝牛奶要小心，乳制品里面含有比较难消化的糖分，会加重肠胃负担，实在想喝可以喝1/2 的稀释牛奶。

（徐翎翎）

儿童腹泻后补点锌

全军儿科中心、南京军区福州总医院儿科中心主任医师叶礼燕说，儿童腹泻应尽早补锌治疗，并合理使用抗菌药。

锌对免疫系统发育和功能的调节、维持起重要作用，还能提高其总体抗氧化损伤能力。补锌能加速肠黏膜再生，增加刷状缘酶水平。腹泻时锌大量丢失，这就形成恶性循环。临床上，补锌患儿康复明显加快，腹泻病程大约缩短 20%。

（吴志 李政）

腹泻恢复期喝点酸奶

　　患秋季腹泻的患儿，不宜吃油腻食物、凉性水果和甜食，不宜喝牛奶、饮料。病情好转后可以喝些酸奶，酸奶中含大量活性菌群，可以抑制致病菌繁殖，有助于恢复正常的胃肠道微生态环境。当肠道菌群恢复到正常的状态后，原有的腹部不适、消化不良、腹胀腹泻等症状也就消失了。

（桑孝诚）

腹泻：用藿香正气水

　　用藿香正气水治疗婴儿夏天腹泻效果良好。方法是：取干净纱布一块，折叠成 4~6 层置于患儿肚脐处，将藿香正气水置水中预热，待药温适宜时倒在纱布上，以充盈不溢为度，然后用塑料布覆盖纱布后，再用医用胶布固定。2~3 小时后取下，每日 2~3 次，一般两日即可见效。腹泻较重、中度以上脱水者要及时补体，去医院就诊。

（朱本浩）

热敷肚脐缓解腹胀

小宝宝腹壁肌肉还未完全发育好，弹性不如成人，如果胃肠道存在过量气体，就容易产生胀气，家长可以用热毛巾敷在宝宝的肚脐部位，但注意避免烫伤（水温38~40℃为宜）。

另外，也可以由右边至左边顺时针轻轻按摩腹部，约10分钟后，宝宝就可以排气了。

（南亚华）

秋季腹泻：最怕肚子凉

秋意渐浓，宝宝拉稀。说起让家长焦心不已的秋季腹泻，东南大学附属中大医院儿科唐月华副主任医师说，秋季腹泻是自限性疾病，一般5~7天症状就会消失，家长不必过分紧张，做好预防就好，最主要的是应防止着凉，尤其防疲劳后着凉。疲劳会使免疫力下降，小儿消化系统发育还不成熟，腹壁及肠道缺乏脂肪"保暖层"，容易受较凉空气刺激引起肠蠕动增加，导致便次增加和肠道水分吸收减少，病毒也易乘虚而入。当然也要及时就诊。

（卢通 崔玉艳）

辨腹痛：双手搓热摸摸肚子

东南大学附属中大医院儿科副主任医师乔立兴提醒，儿童阑尾炎如果不及时发现，比大人更易发生穿孔。孩子腹痛，家长可让其平躺下，双手搓热，用手轻轻抚摸其腹部，如腹痛减轻，哭闹停止，可能是痉挛性腹痛，一般是饮食不当引起的。但如果一碰便会使腹痛加剧且哭闹得更凶，或发现还有硬块等需及时就医。

（崔玉艳）

湿疹：喝苦瓜生梨汁

夏天南方闷热潮湿，北方也经常遭遇桑拿天，宝宝容易起湿疹。我有一个小妙方：就是把苦瓜和生梨洗净后去籽，最好浸在矿泉水中，放入冰箱冷藏，约两个小时以后取出来然后榨汁，可以加点蜂蜜，早晚让孩子各喝一杯，可防治皮肤湿疹。

（李鸿林）

湿疹：每天泡澡 10 分钟

防止皮肤干燥是控制湿疹发展的最好方法。婴儿湿疹喜欢特别干燥的皮肤，而且洗澡水和润肤油会让婴儿湿疹的魔法失效。如果宝宝每天在温水里洗 10 分钟，再趁皮肤还有点潮气的时候涂上一层厚厚的保湿露，那宝宝的皮肤就不会干燥，反而变得很滋润，痒痒的感觉也就会慢慢消失，婴儿湿疹也会随之消失。

（郑巧云）

皮肤科患儿 1/3 患荨麻疹

近日，南京各大医院皮肤科就诊患儿中，1/3 都患上了丘疹性荨麻疹。南京市中西医结合医院皮肤科主治中医师杜长明说，7 岁以下得荨麻疹的儿童最多。春节时大量的烟花爆竹燃放后散落在边边角角，加上气温回升，这些火药废屑随风飘散，抵抗力较弱的宝宝很容易被"骚扰"，患上荨麻疹。家长要叮嘱孩子千万不要乱抓，必要时去医院就诊。

（杨璞　侯晓云）

尿疹：醋水洗尿布

单纯的排泄物刺激皮肤产生的尿疹与其他疾病引起的尿疹相比，最大的特点是皮肤皱褶处并不发红。

这种尿疹的预防处理包括：洗尿布时可以加半杯醋，有助于去除水中的碱性刺激物；经常检查尿布，如果潮湿就要及时更换；清洗完小屁屁要及时把宝宝下身擦干；更换不同品牌的尿布，尿布的材料也会引起尿疹；保持尿布宽松，不要穿不透气的裤子；更换尿布时在宝宝尿布区域擦一些防护性屏障霜或者软膏。

（李勇 编译）

天冷要及时换尿布

上海交通大学医学院附属新华医院皮肤科主任姚志荣教授说，皮肤敏感的宝宝应避免穿过紧或不透气的衣服，避免穿合成材料或羊毛成分的衣服。另外，天冷时父母总会给宝宝多穿几条裤子，在尿布区形成了一个不透气的环境，一旦大小便后没有及时处理，粪便便会刺激皮肤而引起尿布皮炎。所以要及时给孩子更换尿布。

（李海清）

春季防"三疹"

浙江省人民医院儿科主任医师罗晓明说，孩子春天要防"三疹"：

麻疹：早期症状像感冒，伴眼睛红、流泪。皮疹常在发烧后3～4天出现，从耳后、颈部逐步向下。

风疹：通常于发热1～2天后出现细小的红色斑丘疹，先从面颈部开始，1天左右蔓延到全身。很少有并发症，一般3～4天后迅速消退。

水痘：先出现于头面部或躯干，最初为红色小丘疹，后发展为充满透明液体的水疱。症状轻者不发热，症状较重者会有发热、咳嗽等。

（宋黎胜）

防暑热症试试5招

山西省儿童医院儿内科主任张镁硒介绍，夏季除上呼吸道感染和其他疾病引起小儿发烧外，还有种情况是因室内不通风，受热后形成的"暑热症"。

若孩子发烧属于暑热症，别着急用退烧药，从改善室内环境、改善个体两方面散热退烧。

张主任提出5点建议：一，室内温度保持在26℃~30℃左右；二，一定要找出发烧的根源，如无法判定发烧原因，要及时就医；三，注意卫生，保证餐具清洁、瓜果洗净，孩子吃的菜最好用开水过一下，不吃隔夜饭；四，饮食营养丰富，多吃含有高蛋白、高维生素等食物，多喝白开水；五，尽量给孩子穿棉类、透气好的衣服。

（《健康时报》记者 刘志友）

宝宝安全过冬法

一到冬天，许多孩子就容易生病，今天咳嗽明天发烧的，孩子折腾，父母也跟着着急。

衣服少一件，增强适寒能力。给孩子穿得过多，非但不能预防感冒，有时反而因出汗过多、毛孔开泄，再经冷风一吹而诱发感冒。在晴朗的下午让孩子多去户外活动，促进肺功能发育，增加肺活量，增强呼吸道的防御能力及机体的适寒能力。

宝宝发烧了，不要急着退。发烧是个信号，它是在通知你身体某部位生病了，发烧本身还有助杀菌及提升抵抗力，所以温度不太高的发烧不必急着吃药退烧。可以试试简单冷敷法，用冷毛巾或冷水袋敷前额。

多喝水发汗，还可稀释痰液。宝宝发烧咳嗽，一定要多喝热水，有助发汗，此外水有调节温度的功能，可使体温下降及补充体内流失的水分。充足的水分可帮助稀释痰液，使痰易于咳出并可增加尿量，促进有害物质的排泄。

（河南省中医院儿科主任医师　董志巧）

出门游玩要备小毛巾

南京市中医院儿科唐为红主任介绍，近来宝宝患消化疾病较多，症状多为食欲不振、恶心、腹痛、腹泻等。这是由于最近天气冷热无常，胃肠道血流减少，如果再有些饮食上的不良刺激，就会引起宝宝敏感的胃肠道收缩，发生腹痛。乍暖还寒时外出踏青，建议给孩子备一件防风的衣服，还要准备一块毛巾，宝宝出汗的时候及时用毛巾把汗擦去，避免风吹后着凉。

（李　珊）

囟门鼓凹预示疾病

宝宝正常的前囟门是平的，如果突然鼓起或逐渐鼓起，可能是疾病信号：各种脑膜炎、脑炎、肿瘤或是硬膜下有积液、积脓、积血等，应及早确诊治疗。如囟门凹陷，很可能是因为严重腹泻、呕吐、高热、出汗过多等造成急性脱水，需立即补充液体。长期营养不良，前囟门也会凹陷。

（南亚华）

观囟门鉴别脑膜炎

南京军区福州总医院儿科主任医师任榕娜提醒说，小儿感冒时家长自行用药，有可能导致感冒病毒未被及时控制，转移至脑部，严重时会危及生命。如患儿在得了感冒后，表现出头晕、头痛、喷射性呕吐、抽筋、精神极端状态，即婴幼儿表现为精神极差、不哭不闹；或者极度兴奋、大哭大闹，脑袋囟门鼓起明显，就有可能是脑炎。

（吴志 李政）

运动发育落后要防脑瘫

一个脑瘫儿童至少影响三个家庭，脑瘫患儿如果能及早被发现，是治疗恢复的关键。北京大学第三医院儿科主任医师魏玲强调，运动发育落后是目前最易被发现的脑瘫早期征兆。

魏主任说，大多数脑瘫儿都存在运动发育落后，肌张力改变，姿势、反射异常等征兆，但一般家长很难发现这些症状。其实，有个简单办法有助及早发现，一般都说孩子 3 个月会抬头，4 个月会翻身，6 个月能坐，这是正常孩子的运动发育规律，如果发现孩子发育落后，就要及时去医院检查，排除脑瘫可能。

魏主任介绍，如果孩子发育迟缓，可以尽早做些康复锻炼，补充一些营养神经的药物，加速孩子的运动发育，可以促进脑瘫儿的康复，降低孩子的功能损伤。

（《健康时报》记者　沙 琼）

发育迟缓查查脑瘤

男孩 17 岁，身高却只有 1.4 米，脸庞稚嫩，文文静静，说话细言细语，怎么看都是个读小学的"小姑娘"。近日，北京三博脑科医院住进了这样一位患者。

北京三博脑科医院张宏伟主任介绍，这个男孩得的是泌乳素型垂体大腺瘤，这是一种常见的良性肿瘤，手术相对简单，不需开颅，但由于此病较隐匿，不易被发现，易被耽搁。

张宏伟提醒家长，如果孩子出现生长发育迟缓或不发育或发育过快、长得太高、第二性征提早发育，以及不明原因头痛、视力下降等，要及时就诊。还有的孩子非常胖、短期体重增加快，在学校不爱运动，没有力气，食欲不振等，都要引起家长的注意。

（李亚静）

脱屑要当心猩红热

北京佑安医院感染中心主任医师梁连春提醒：猩红热患者血液中的白细胞和中性粒细胞明显升高，患病时可发生惊厥或谵妄，发热 12~36 小时内出现鸡皮疙瘩样皮疹。脱屑是猩红热特征性症状之一，发病第一周末期开始出现皮肤脱屑：面颈部为细屑，躯干四肢为小鳞片状脱屑，手掌足掌为大片状脱皮。

（刘 慧）

五官篇

嘴痛可能是咽颊炎

东南大学附属中大医院儿科医生陈艳介绍，小儿疱疹性咽颊炎由病毒引起，会传染。症状酷似感冒，一般是突发高热、流涕。辨别也不难，疱疹性咽颊炎有个很典型的症状，就是在患儿上腭、口腔黏膜、扁桃体、咽后壁等处可以看到米粒大小的灰白色疱疹，周围有红晕，2~3天后扩大并形成溃疡。大一点的孩子会喊嘴巴里痛，小一点的孩子就表现为不吃饭、哭闹等。

（崔玉艳）

烂嘴角：抹香油有效

东南大学附属中大医院口腔科孙永瀛医生介绍，现在天气干燥，孩子容易患上口角炎，俗称"烂嘴角"。

要预防，首先不能让孩子总是舔嘴唇，然后多吃富含 B 族维生素的食物，如动物肝脏、瘦肉、禽蛋、牛奶、豆制品、胡萝卜、新鲜绿叶蔬菜等。可以给孩子口角处涂些香油、软膏之类，保持湿润。睡觉前不要让孩子吃东西，也不要喝牛奶，食物留在口腔内很容易滋生细菌。

（崔玉艳）

 # 鹅口疮：用布擦没用

鹅口疮是由白色念珠菌感染引起的，多见于新生儿。预防方法主要是保证宝宝的口腔卫生。当发现宝宝的口腔里长出白色絮状物时，用棉签或布擦洗口腔，大部分是擦不掉的，就算暂时擦掉了过几天又会重新长出来。可用 2%~5% 的苏打水清洗口腔，还可用 1% 的甘油或中药冰硼散涂口腔，均有疗效。最有效的方法是，用每毫升含制霉菌素 5 万 ~ 10 万单位的液体涂局部，每天 3 次。最好在吃奶以后涂药。

（罗林丽）

 # 口角炎最怕舌头舔

南京军区福州总医院儿科任榕娜主任医师说，这个季节孩子容易得口角炎，发生在口角黏膜的一侧或两侧，常被认为是上火。一旦患了口角炎，应在医生指导下服用复合维生素 B，局部涂用药膏。要提醒孩子千万不要用舌头去舔，因为唾液中的钠氯、淀粉酶、溶菌酶等在嘴角处残留，会形成一种高渗环境，导致局部越发干燥，发生糜烂。

（吴志 李政）

 # 口腔黏膜喝温开水

　　南京市妇幼保健院口腔保健科朱维健主任医师表示，清理新生儿口腔其实很简单，很多家长却画蛇添足，用无菌纱布蘸水擦拭口腔黏膜。新生儿的口腔黏膜非常细嫩，稍不留意就会被纱布损伤。而且这种损伤肉眼看不到，细菌、霉菌侵入并繁殖，容易引起霉菌性口腔炎。其实口腔是有自净能力的，只要在宝宝睡醒或喝完奶后，喂些温开水就可以了。

（南京市妇幼保健院　钱　莹）

腮腺炎：热毛巾敷脸

　　腮腺炎俗称猪耳风、痄腮，通过呼吸道传播。主要表现以发热、耳下腮部的肿胀、酸痛为主，该病有一个潜伏期，潜伏期时间为2~3周，平均为18天。

　　护理腮腺炎患儿，应注意让孩子用温盐水漱口或多饮水以保持口腔清洁，预防继发感染；发热及腮肿时给予流质或半流质、营养、易消化的食物，忌食鱼、虾、牛肉、羊肉、鸡蛋和酸、辣、硬、干燥的食物。用热毛巾敷患处，可减轻疼痛。

（刘琼洁　杨　娟）

腮腺炎的小信号

北京佑安医院急诊中心主任李俊红介绍，最近因流行性腮腺炎就诊的小患者多了起来。

一般患者发病前无明显症状，发病1~2天出现颧骨或耳后疼痛，腮腺逐渐肿大，体温随之升高，可达40℃，一般是一侧先肿大，2~4天后对侧也肿大，局部皮肤发亮但不红，皮肤温度高，疼痛明显，咀嚼或进食时疼痛加剧，持续4~5天后渐消退。

如何预防：接种疫苗是预防该病的最有效方法，1岁半打一针，6岁打一针，15岁以下均可接种；少到人多的公共场所，必要时戴口罩，尤其是在公交车上；养成良好的卫生习惯，勤洗手、通风、晒被、锻炼，多喝水。

（《健康时报》驻北京佑安医院特约记者 刘 慧）

得疖肿，多喝翠衣汤

南京军区福州总医院儿科主任医师余自华说，小儿疖肿较易出现在臀部、背部、颈部、腹部、腰部等。夏季发病率最高，因为气候炎热，空气潮湿，人体容易出汗且免疫力有所下降，为病菌的侵入创造了有利条件。得了疖肿，家长可以给孩子适当饮用清凉饮料，如西瓜翠衣汤、绿豆薏米粥等，可以清热解毒，利尿除湿。

（吴志 李政）

大人长水疱，莫亲吻宝宝

据英国《每日邮报》报道，英国一名父亲吻了仅两个月大的儿子后，导致孩子感染疱疹病毒，最终因多个器官衰竭而夭折。单纯的疱疹病毒对成人只能引起唇部皮肤疱疹，但对婴儿可能致命。

大人如果感染了"单纯疱疹病毒"，就会在面部、唇角、眼睛、手足等部位，出现米粒大小的水疱，几个或十几个连在一片，且伴有发热或局部淋巴结肿大。"单纯疱疹病毒"可通过亲吻等方式传播，对成人危害不太严重，却可能对婴儿致命。

如化浓妆、感冒、拉肚子等情况出现时，大人也不要亲吻小宝宝，可能会对孩子造成危害。家长应改掉随意亲吻宝宝的习惯，尤其不要嘴对嘴亲吻。

(湖南省儿童医院静配中心护士　赵紫薇)

没牙宝宝也会嚼

广东省人民医院新生儿科副主任孙云霞说，宝宝的胃容量只有250毫升左右，如果辅食吃的都是稀饭、面汤等，营养必定不达标。宝宝出生后4个月，颌骨与牙龈就已经发育到了一定的程度，已经足以咀嚼半固体食物了。乳牙萌出后，可以给宝宝吃一些馒头、面包干等，可逐渐增加水果、胡萝卜、土豆等，还可以尝试着吃一些肉、鱼、蛋等，锻炼宝宝的咀嚼能力。

(张玲玲)

不想戴牙套，
试试预防性矫治

小明上小学 1 年级，班里已有戴牙套矫正牙齿的同学了。小明的妈妈很担心，孩子的牙齿容易长歪，能不能提前预防一下呢？牙科医生给出的建议是，可试试预防性矫治。

预防性矫治，简单地说，就是在适当时机，对孩子牙齿和颌面出现的问题，提早发现，适当治疗，防止发展成更严重的错颌畸形。

预防性矫治没有固定年龄，要视孩子的牙颌状况而定，选择合适的矫正时机。比如，儿童乳牙提早脱落，为防止恒牙提早萌出，用阻萌器阻萌，孩子的年龄从 4 岁到 10 岁都可以；儿童乳牙到了年龄未脱落，新牙长不出来，拔除乳牙促进新牙的萌出，年龄从 8 岁到 13 岁都可以。

哪些问题需进行预防性矫治？

1. 乳牙和恒牙提早脱落，对新牙萌出和咬合会产生显著影响；

2. 乳牙滞留，乳牙该掉时仍未脱落，不及时处理，会影响新牙萌出；

3. 新牙萌出位置异常，新牙没有长到它该长的位置，会造成其他新牙无法萌出，牙齿不齐；

4. 系带问题，即孩子上下嘴唇和舌头下面连接的软组织，这个软组织如果过长，会造成牙齿有缝隙，兜齿等问题。

温馨提示：孩子预防性矫治的年龄一般都比较小，这时孩子生长发育旺盛，颌面和牙齿可塑性很强，适应能力强，提早治疗效果显著。预防性矫治可降低后期正畸治疗的难度，甚至免除后期的正畸或正颌手术。

（北京口腔医院正畸科博士　茹　楠）

出牙要练咀嚼力

　　首都医科大学儿科系教授刘越璋说，很多家长都问过我孩子出牙晚怎么办，除去一些病理性原因外，这和家长没有及时给孩子添加可咀嚼的辅食也有关系。长期吃泥糊状食物，孩子就无法学会咀嚼和吞咽。要知道半岁左右的宝宝，牙龈是很厉害的，别看他没出牙，光靠牙龈和唾液，他就能很好地"咬"饼干了，家长应该适当让孩子锻炼锻炼。

长牙期吃得粗一点

　　宝宝开始出牙以后，饮食要多样化，既要保证一定量的鱼肉蛋奶等含蛋白质的食物，也要有一定量的蔬菜和水果。

　　家长还要适当给孩子吃一些较硬的小饼干、面包干、烤馒头片等，以刺激牙龈，促进牙齿的萌出。食物不要太精细，因为含纤维多的食物不但可以锻炼宝宝的咀嚼能力，促进其颌骨、牙齿的发育，而且对口腔和牙齿都有自洁作用。

　　　　　　　　　　　　　　　　　　　　（吴 志 葛建伟）

8岁未换门牙或是多生牙

一般孩子在7~8岁时，前门牙位置的乳牙就要换成恒牙了。如果超过8岁，门牙位置的恒牙还未萌出或未及时替换，要注意了，或是"多生牙"在捣乱。

多生牙又名额外牙，常发生于上门牙区，会影响正常牙齿排列，还可能引发牙源性囊肿和肿瘤。因此一旦发现多生牙，宜早拔除。且多生牙埋伏于颌骨内，门诊拔除难度大，患儿配合困难，多数需住院麻醉后拔除。

浙江台州医院口腔科主任施更生说，无法从外表看出多生牙，也无疼痛等不适，家长难以发现，唯一方法就是带孩子到医院拍X片确认。提醒家长：若发现孩子前门牙未及时替换或萌出，应尽早去做检查。

（陈申国　陈雯雯）

刚出牙用指套牙刷

山西省儿童医院口腔科副主任医师屈沛说，指套牙刷依妈妈的手指型号设计而成，将其直接套在手指上，就可以替小宝宝清洁口腔了。

使用前请先用清水清洗，再置于沸水中消毒5分钟并定期检查。让幼儿躺在家长的怀中，妈妈用一只手固定幼儿的头部，另一只手拿指套牙刷，蘸温开水为孩子清洁牙齿的外侧面和内侧面。

固牙齿，水果蜂蜜都得吃

长牙时，给宝宝补充必要的固齿食物，能帮助他拥有一口健康的小牙齿。这些食物除了我们常说的富含钙和蛋白质的牛奶、奶制品、虾仁、骨头、肉类等外，还包括海带、紫菜、鱼松等食物。含氟的食物也要多吃，比如海鱼、茶叶、蜂蜜等。另外，富含维生素C的新鲜水果，如橘子、柚子、猕猴桃、红枣，也是不错的固齿食物。

（张　妮）

含奶瓶入睡易患龋齿

河南省郑州市口腔医院儿童牙科门诊主任李路平提醒，患奶瓶龋的孩子中，留守儿童占了七成。奶瓶龋是小儿龋齿，是让孩子含着奶瓶入睡引起的。预防奶瓶龋，照顾孩子的老人首先要控制使用奶瓶的时间，一般限定 10~15 分钟，不要让孩子含着奶瓶睡觉。给幼儿喂奶后再喂少量白开水；尽早停止使用奶瓶，一般 1 周岁后就应改用水杯喂奶或小匙喂奶；还要少给孩子吃甜食。

（陈锦屏）

防龋齿：
用奶瓶别超过 15 分钟

郑州市口腔医院儿童牙科门诊主任李路平说，预防孩子奶瓶龋，要控制幼儿每次使用奶瓶的时间，10~15 分钟为好。千万不要让孩子含着奶瓶睡觉。每次给幼儿喂奶后再喂少量白开水，以稀释口内及牙间隙残留的奶汁，起到清洁口腔的作用。1 周岁以后最好改用水杯喂奶或小匙喂奶。两岁开始养成孩子吃过食物后漱口、坚持刷牙的良好习惯。

（陈锦屏）

5 岁半前应帮助宝宝刷牙

东南大学附属中大医院口腔科孙永瀛医师指出，2 岁半到 5 岁半的这段时间里，爸妈别刻意在刷牙方面培养孩子"自立"，而要主动帮助他对每个牙面进行清洁，每次刷牙要持续 2 分钟左右。选用适合婴幼儿的牙刷，牙膏最好用含氟牙膏。刷牙要坚持早晚各一次。养成孩子良好的饮食习惯，控制蔗糖摄入量。提倡儿童每 6 个月接受一次口腔健康检查。

（杜 恩）

换牙四注意

北京友谊医院口腔科张方明主任介绍，孩子换牙一般从 5 岁左右开始，要注意以下几点。

避免乳牙过早失：龋病、外伤可引起乳牙过早缺失，让医生给孩子戴保持器以保证新牙萌出间隙。

乳牙掉了别吃热：乳牙脱落后别吃过热食品，可用凉毛巾敷在牙侧面部以减少出血。

牙刷要用软毛的：换牙期应给孩子选用软毛牙刷。

千万别用舌头舔：常用舌头舔松动或新出的牙齿会影响恒牙萌出。

（吴 静）

窝沟封闭后每半年查次牙

最适宜做窝沟封闭的年龄是：乳磨牙在 3~4 岁、六龄牙在 6~9 岁、第二恒磨牙在 11~13 岁。窝沟封闭不是一劳永逸的，仍需认真刷牙。而且窝沟封闭有一定的脱落率，如果封闭时孩子口水多就会导致不牢固。建议每半年带孩子检查一下。

（张凤敏）

擤鼻方法错，易致中耳炎

春天天气多变，宝宝易患感冒、鼻炎、鼻窦炎等，鼻腔就会有很多分泌物，引起鼻塞、咳嗽，这时家长往往急于让宝宝把鼻涕擤出来，就拿纸巾捂着宝宝鼻子，捏紧两个鼻孔，让宝宝用力喷气。殊不知，这个小动作可能会让宝宝患上中耳炎，如用力过大，甚至会引起鼓膜穿孔。

耳朵和鼻子间有根相通的管子叫咽鼓管，中耳腔的分泌物通过这根管子被排到鼻咽部，相反，如果用上述方法，鼻涕中的细菌在压力作用下也会通过咽鼓管进入中耳腔，引起耳痛、耳鸣、中耳积液、流脓，甚至鼓膜穿孔。

正确擤鼻涕的方法：用手按住一侧鼻翼，轻轻擤出对侧鼻腔鼻涕，再用同样方法擤出另一侧的；如鼻塞严重，可短期用血管收缩剂喷鼻，使鼻腔通畅后再擤鼻涕；对还不会擤鼻涕的婴幼儿，家长可用橄榄形的橡皮吸管将分泌物吸净，或请专业医师清理。

（湖南省儿童医院耳鼻喉科主治医师　匡玉婷）

流鼻血忌头后仰

南京市妇幼保健院儿童保健研究所耳鼻喉科吴兴香医生说，孩子鼻腔黏膜较薄，干燥气候下容易流鼻血，要提醒孩子不要挖鼻孔、不要用力擤鼻涕。孩子流鼻血时切忌让其躺下或头部后仰，否则会使血液流进咽部，刺激宝宝咳嗽，加重出血。可采取半坐或侧躺姿势，头部稍向前低，用嘴巴呼吸，手指压迫鼻翼约 10 分钟，流血量自然会减少或停止。

（孔晓明）

鼻子流血补维生素C

南京市中西医结合医院耳鼻喉科主任杨明介绍，气候炎热干燥，小朋友爱流鼻血，一是因为孩子本身有鼻炎或鼻窦炎，空气干燥使鼻部血管的脆性加强；二是因为很多孩子有挖鼻孔的坏习惯。

孩子流鼻血要及时补充维生素C，因为维生素C是形成胶原蛋白所必需的物质。上呼吸道组织里的胶原蛋白能帮助黏液附着于适当的场所，在鼻窦及鼻腔内产生一层湿润的保护膜，从而防止鼻腔过于干燥而流血。

（杨 璞 朱 群）

鼻入异物就医别平躺

南京市中西医结合医院耳鼻喉科主任杨明提醒广大孩子家长，一旦发现孩子鼻中有异物，家长不要训斥孩子，避免让孩子哭泣，防止异物被吸进气管。更不要自行用手或者其他工具直接抠孩子的鼻子。抱孩子坐车去医院时，尽量让孩子少颠簸，而且不要让孩子平躺，以防异物滑进气管内。

（杨 璞 侯晓云）

宝宝鼻子臭，异物惹的祸

一个月前，小星开始流鼻涕，妈妈给他吃了点消炎药，谁知非但没好转，这几天小星的鼻子越来越臭了，从外面看不出有异常。到医院检查后，发现他的鼻腔内竟有一粒梅子核！

梅子核怎么会跑到鼻子里呢？小星说不清楚。估计是由于好奇，自己塞进去了，怕挨骂没告诉家长。异物在鼻腔内刺激鼻黏膜，造成鼻黏膜充血水肿，加上细菌感染，就出现脓性分泌物了。

门诊常见类似病例：有的异物塞入鼻腔后会造成鼻中隔穿孔、坏死，更危险的是，有的异物可能会经后鼻孔掉入喉、气管、支气管内，造成肺部感染，或阻塞气管而引起窒息。

小儿鼻腔内有异物：切勿训斥和打骂孩子，以免其惊慌哭闹将异物吸入下呼吸道，形成呼吸道异物；千万别用手、镊子等夹取异物，这可能使异物越陷越深，也易造成小孩鼻腔黏膜损伤，引起出血或发炎；患儿一侧鼻腔出现味臭、头痛等症状，且长时间不缓解，应及时就诊。

（湖南省儿童医院耳鼻喉科主任护师　彭湘粤）

"聪明洞"怕感染

有的孩子生下来耳朵上有一个小洞，民间叫"聪明洞"。南京市中西医结合医院耳鼻喉科主任杨明说，医学上称这种病为先天性耳前瘘管，为第一鳃沟的遗迹，不感染时没什么症状。也可能形成囊肿，发生感染并有脓性分泌物流出，一旦有过一次感染就容易反复感染。

家长要注意平时别让宝宝拿细小的物体阻塞"聪明洞"，更不要用手去抠。家长也不必太紧张，很多有"聪明洞"的孩子终身不会发病。

（杨璞　侯晓云）

药物中毒耳朵最敏感

高热或患了传染病，如腮腺炎、流脑、麻疹等，容易伤害内耳，使听力减退，甚至丧失听力，这也是儿童容易致聋的原因。在神经性耳聋者中，至少有 20%~30% 是由链霉素中毒引起的，在小儿耳聋者中可高达 80% 左右。作为患儿家长，如果发现小儿在用药之后出现耳鸣、耳内胀闷、口周围麻木等症状，要想到药物中毒的可能，须及时停药，请医生做进一步处理。

（敬云龙）

别总给宝宝掏耳屎

有的年轻妈妈喜欢给宝宝掏耳屎，因为她们觉得这样宝宝会更舒服。其实，这样做危害很多，操作不当会对耳朵有损伤，轻则会导致耳道发炎，重则可能使听力减退，甚至丧失听力。

人的外耳道皮肤较薄弱，与软骨膜连接也较紧密，皮下组织少，血液循环较差，这时，由外耳道分泌的分泌物就会对外耳道皮肤起到一定的保护作用。有的妈妈不知缘由，只觉得很脏，就想方设法把它掏出来。殊不知，如果掏耳朵的方法不对，或用力不当，易造成外耳道损伤感染而成疖肿，引起耳部疼痛不适，严重者会导致听力减退。

常掏耳朵还可使外耳道的皮肤角质层肿胀，阻塞毛囊，给细菌的生长提供便利条件，导致耳道流黄水。所以，宝宝的耳屎千万别常掏，就是掏也要非常小心，万不可太用力，正确做法是，用脱脂棉卷轻轻把耳屎清理出来即可。

（湖南省儿童医院血液科　杨　理）

棉签掏耳朵，不行

浙江大学医学院附属儿童医院耳鼻咽喉及头颈外科吴磊医生告诉大家，耳屎的医学名称叫"外耳道耵聍"，可保持外耳道为酸性 pH 值，防止外耳道霉菌生长，减少外耳道感染。所以，没有什么不适的话，有耵聍在耳朵里并不是一件坏事情。

经常有家长在孩子洗头或者洗澡后用棉签给孩子掏耳朵，这是一种很不好的习惯。小孩子由于不懂事，掏的时候会扭头，所以经常有人因此把鼓膜给弄破了，万一发生感染，将是一件很麻烦的事情。那么，什么时候需要到医院里来把耵聍取出来呢？

感觉孩子的听力有问题的时候。假如孩子看电视要开很大声音，或者跟他讲话要提高嗓门的时候，应该到医院给孩子把耵聍取出，并检查是不是有中耳炎等影响听力的疾病。

耳内有分泌物流出来的时候，可能是由于进水把耵聍泡坏了，或者发炎流脓了。

假如 4 岁以前还从来没有取过耵聍，且打算带孩子学游泳的话，游泳之前要先来取一下。平时的洗澡、洗头并不会有很多水进入耳道，但是长时间在水中游泳后，耵聍会涨得很大，很多孩子因此而患上外耳道炎。

练咀嚼强视力

日本科学家经过大量的调查统计得出结论，经常吃硬质食物的儿童在智力和视力方面都明显高于常吃蛋糕类软食的儿童，因为咀嚼食物可促使面部肌肉运动，包括支配眼球运动的肌肉，进而有效地提高调节眼睛晶状体的能力。故咀嚼被誉为眼的保健操。可根据儿童的牙齿发育情况，给他吃胡萝卜、黄豆等耐咀嚼的硬质食品，增加咀嚼机会，既健脑，又有明显的增强视力的作用。

（友 童）

手电测真假斜视

东南大学附属中大医院眼科主任医师孙建宁说，如果怀疑孩子斜视，家长可自己先测测。在光线较暗的地方让孩子仰卧，然后在距孩子的双眼大约50厘米的正前方用小手电筒照射双眼。如果光点同时落在孩子的瞳孔中央，说明孩子没有斜视，或者为假性斜视；如果光点一个落在瞳孔中央，另一个落在瞳孔的内侧或外侧，说明孩子很可能是斜视，应及时带孩子就诊。

（杜 恩）

爱眯眼或斜视

　　江苏省人民医院眼科主任医师刘虎说，间歇性外斜视是儿童最常见的外斜视类型。孩子看近处时、注意力集中时眼位可正常；看远处、疲劳及注意力不集中、遮盖一只眼时，孩子才表现为外斜视，所以这易被家长忽略。有一个办法可帮助家长判断，由于此阶段患者多有复视，所以如果孩子在户外强光下喜欢眯住一只眼，家长最好带孩子去检查一下。

（宫丹丹）

四招预防"斗鸡眼"

　　小宝宝的眼球调节机能发育还不完善，如果有一些不好的习惯，就容易出现"斗鸡眼"，即医学上常说的"斜视"，细心的爸妈日常生活中应学会帮宝宝预防。

　　第一，别离宝宝太近。不要总是过近地与宝宝对视，特别是和宝宝讲话或是逗其玩耍时，以免造成两眼聚中。

　　第二，勿遮蔽宝宝眼睛。由于婴儿期是小儿视觉发育最敏感的时期，如果一只眼被遮挡几天时间，就可能造成被遮盖眼的永久性视力异常。

　　第三，玩具勿挂床上方。很多父母喜欢在宝宝床栏上方悬挂些多彩的小玩具，吸引宝宝的注意力。其实，这样会使宝宝眼睛长时间地向中间对视，有可能发展成内斜视。正确方法是把玩具悬挂在宝宝周围，并常变换位置。

　　第四，预防眼内异物。婴儿的瞬目反射尚不健全，眼内易进异物。如遇刮风天外出，应在小儿脸上蒙上纱巾；打扫房间时应将小儿抱开，避免扫起的尘沙、凉席上的小毛刺等异物进入宝宝的眼内。

（武汉市中心医院儿科　刘雁飞）

打打羽毛球控制近视眼

江苏省人民医院眼科教授赵晨指出，控制近视进展可以让孩子常玩小球类游戏，如羽毛球或乒乓球。打球过程中，眼睛会快速追随球的来去，球飞来时，睫状肌收缩，悬韧带松弛，晶状体曲度变大；球远去时，睫状肌放松，悬韧带紧张，晶状体变得扁平。这样眼球的关键部分都得到了锻炼。

（谢　瞻）

护眼睛：
坐前排不如坐中后排

南京市中西医结合医院眼科主任夏承志说，一直坐前排的学生更易患近视。因为眼睛对眼前5~6米以外的物体反射出的光线不需调节就可在视网膜上形成清晰的物像，这时调节眼睛的神经和肌肉是舒张的。要看清5米以内的物体，调节眼睛的肌肉必须有不同程度的收缩。物体越近，收缩程度越高，眼睛越疲劳。近视眼学生坐在距离黑板5~6米处才最佳。

（杨　璞）

宝宝弱视有征兆

由于弱视双眼的外观并无异常，且相当一部分孩子有一只眼视力正常或接近正常，所以较难发现，因此家长应定期找专业眼科医生检查，细心的父母可观察孩子有无以下表现。

孩子看书、看电视时凑得越来越近；常常眯眼看东西，或歪头用一只眼看；孩子对周围环境的反应比同龄儿童差，或在陌生的环境中行动不如在熟悉的环境中自如；东西掉在地上后，伸出双手摸索寻找；分别遮盖左右眼，反应程度不一样。如果有以上征兆，应及时就医。

（武汉市妇女儿童医疗保健中心眼科主任医师　李世莲）

期中期末都查视力

江苏省人民医院眼科副主任医师于焱建议家长，每学期中间和结束时都要给孩子检查视力。初次验光最好散瞳，能验出真实的屈光度。临床研究表明，每年定期散瞳验光、戴合适眼镜的孩子，比从不验光或不定时验光、眼镜度数不准的孩子，近视发展速度更慢。

（谢　瞻）

治霰粒肿：
别等顶出眼皮才就诊

东南大学附属中大医院眼科主任医师栾洁指出，霰粒肿容易被家长误认为是麦粒肿，以为要等疙瘩成熟才可手术，结果耽误治疗。其实霰粒肿不痛不痒，麦粒肿则会疼痛。霰粒肿热敷或滴眼药水只能缓解症状，易反复发作。家长发现孩子频繁揉眼时，可触摸眼皮，若发现有小疙瘩，要尽早就诊，这是手术的最佳时机，千万不要等到顶出眼皮才来就诊。

（杜 恩）

过食，眼皮长疙瘩

东南大学附属中大医院眼科门诊最近接诊了许多长霰粒肿的孩子，原因就是因为过节及放假期间吃得太好，油脂摄入过多，造成睑板腺堵塞而引发眼皮长疙瘩。

眼科治疗室汪剑萍医生介绍，一般上眼睑发生霰粒肿较多，有时可有2~3个，亦可双眼同时发生。与麦粒肿不同，霰粒肿不痛不痒，用热敷或滴眼药水，只能缓解症状，根部因睑板堵塞刺激仍然会反复发作，所以手术治疗比较好。

预防方面要注意孩子的用眼卫生，保证充足的睡眠，饮食一定要清淡。

（杜 恩）

多给宝宝点"颜色"看看

　　宝宝出生三四个月时，就有了对色彩的感受力，应多给他些"颜色"看，能促进其视觉发育，对大脑发育也好。

　　0~3个月的宝宝已对鲜艳的色彩、强烈的黑白对比感兴趣。到4个月左右，宝宝对色彩就有了感受能力，这时可在宝宝床周围放些黑白几何图案、黑白人物头像等。

　　另外，宝宝床头的床饰和悬挂物色彩，应以红、黄、蓝三原色为主，使宝宝一睁开眼，就能看到一个彩色的环境，但又不至于过杂，以免扰乱宝宝本不成熟的视觉系统。

　　4~12个月，宝宝会迎来视觉的色彩期。这时，可在宝宝居室里贴上些色彩调和的画片挂历，或在墙壁上画上七色彩虹等。另外，在宝宝视线内摆些色彩鲜艳的球、塑料玩具，能发出声响的彩色玩具等，宝宝会更喜欢。

（湖南省儿童医院康复一科　夏　琼）

眼内进异物不要用力揉

眼睛进异物，对宝宝来说很常见，处置不当将会造成眼睛损伤。常见异物有沙尘、小昆虫、棉絮、铁屑等，这些异物多数附在眼球表面。这时千万别让宝宝用力揉，以防异物嵌入眼球深处。

正确方法是：家长用拇指和食指捏住孩子的上眼皮，轻轻向前提起，轻吹眼内，刺激眼睛流泪，将沙尘等异物冲出。如果是石沙粒进入眼中，应马上翻开上下眼皮，将较大沙粒取出，再用大量清水冲洗，然后立即送医院。

儿童最多见的化学性眼外伤为石灰烧伤，多是玩耍时石灰粉撒入眼睛或不慎跌入石灰坑所致。石灰遇水会产生大量热量，烧坏眼部组织，并不断向深层组织扩展。因此，一旦发生应立即先把生石灰颗粒弄掉，再就近用自来水或清水充分冲洗，然后再到医院进一步处理。

（湖南省儿童医院眼科　吴秀婷）

新生儿多发泪囊炎

正常情况下，新生儿不会有眼屎。如果有，很可能是泪囊炎，发病率达6%，是婴幼儿仅次于上呼吸道感染的常见病，多在出生后一周或稍后时间发病。因为新生儿泪腺极小，排泪功能在出生后几周甚至几个月才完善。如果孩子总有眼屎，建议到专科医院检查。3个月以内的孩子用药物治疗即可，3个月以上必须进行泪道冲洗，6个月以上可能要手术才行。

（张　丽）

常揉眼是因肝火旺

如果宝宝经常挠耳朵、揉眼睛，可能是肝火较旺；如果经常抓鼻子，则可能是胃火较旺。当出现这些情况的时候，父母应当先考虑宝宝是不是有炎症，有炎症则要及时就医，然后再进一步观察宝宝的舌苔是否厚重、大便是否干燥，以此来判断宝宝是否上火。

（李艳鸣）

让孩子远离广告食品

最怕孩子指着电视广告说："我也要！"都说健康生活从娃娃抓起，可费尽心血营造的健康饮食氛围，总是在电视食品广告面前功亏一篑。

中国农业大学食品学院营养与食品安全系范志红副教授建议，最优方案是限制宝宝看电视，多带他去室外玩，或买适合宝宝的碟片来看；宝宝实在要看电视，每天也不要超过 30 分钟，并尽量避开广告时间。

（余易安）

看护篇

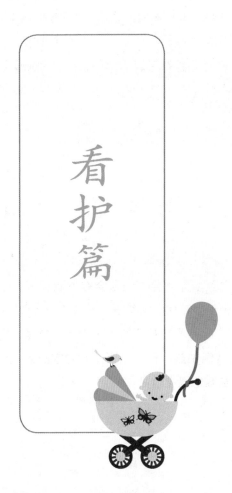

新生儿觉少别紧张

新生儿一天累计睡眠时间为 18 ~ 22 小时，但是不同的宝宝因个体差异，睡眠时间也会有所不同。根据 2006 年中国小儿的睡眠调查来看，我国小儿的平均睡眠时间比国外小儿少两个小时。家长如果想让宝宝多睡，可以在哄睡时延长抱宝宝的时间，当宝宝处于深度睡眠状态后，再将宝宝放到床上。

（李艳鸣）

别和宝宝钻一个被窝

每年 11 月至次年 4 月，经常会有不满周岁的小宝宝发生"捂被综合症"，原因是爱子心切的家长怕孩子冻着给盖得过厚、穿得过多所致。需要提醒家长：给孩子盖被要适中，别用电热毯，因为婴幼儿散热差，受不了电热毯持续供热。家长也不要和宝宝同盖一个被子，成年人的体温也会使宝宝被窝的温度过高。

（何金华）

小儿趴着睡正常

一般来说，趴着睡有趴着睡的优点，仰着睡有仰着睡的好处。如果已经成习惯了，就没有必要非得改变。如果硬说趴着睡有病，那是指原来仰着睡，因为肚子胀或肚子痛而改为趴着睡，这样肚子受到压力，就会使腹胀或腹痛减轻。这是一种自身保护性姿势，并没有什么不好，需要治疗的是引起肚子痛的疾病。

（肖冬梅）

孩子睡眠有黄金 3 小时

东南大学附属中大医院儿科主任唐洪丽教授指出，孩子身高与父母遗传、均衡饮食、运动能力及吸收功能有关。比如睡眠，婴幼儿晚上 9 点左右就该入睡了。因为生长激素是晚上 23 点至凌晨 2 点分泌，医学称"黄金 3 小时"，太迟睡势必会影响身高发育。如果去专科医院做了仪器监测，证明孩子长得瘦小是病理原因，且身高低于正常孩子 2%，就要在医生的建议下规范用药治疗。

（崔玉艳）

适当俯卧好处多

每当跟家长说"白天让宝宝多趴着睡"时，他们都很惊讶："可以吗？"当然可以。小宝宝在俯卧时，会本能地将脸侧向一旁，使口鼻不被堵住。且宝宝适当俯卧，对生长发育有好处。

强健体魄：俯卧时，脖子、肩膀、胸部、背部、臀部等部位可协调活动，不仅能形成结实健美的颈部肌肉，还能丰满胸部，且为以后匍行和爬行做好准备。

预防吐奶：宝宝的胃呈水平位，与食管相连接的贲门又较松弛，容易吐奶，宝宝俯卧时胃的贲门部会被抬高，可预防吐奶。

有助睡眠：宝宝俯卧时，身体紧贴床铺，有很大安全感。这样宝宝的睡眠时间会延长，睡眠质量能得到提高。

呼吸顺畅：婴儿的胸廓、肺的后侧部较长，俯卧时肺受挤压程度最轻，呼吸时最符合自然规律，且床的反作用力还可促进心肺发育。

温馨提示：可从宝宝出生后7~10天，利用白天时间让宝宝俯卧睡觉，睡觉时间短，大人好照看；也可以让宝宝俯卧着，逗他玩，用花铃在宝宝的头顶方向逗引，或者大人躺在床上，让宝宝趴在自己身上，双手扶着宝宝的头同他说话。每天让宝宝锻炼1~2次，每次10分钟，一直练习到宝宝10个月会爬为止。

（湖南省儿童医院新生儿四科护师　何　丽）

茶叶敷脐止夜啼

山东淄博的孙凝淦告诉家长：对夜啼的宝宝，可以将茶叶嚼烂，捏成小饼，贴于小儿肚脐眼上，几分钟后小孩就不哭了。经过周围有夜哭婴儿的年轻妈妈的验证，她们都说比较管用。

调胃口先调睡眠

过年时，亮灯旺火欢实孩子，奶奶家、姥姥家、父母家……来来回回捣腾，小孩子过度兴奋，往往搞乱了肠胃。中国中医科学院广安门医院营养科主任王宜建议，调孩子胃口先要把孩子的睡眠时间从热热闹闹的年味调整为过去的规律，让他心情先稳定下来，再在饮食上下点功夫。

先喝点玉米粥，再熬点燕麦汤，用炒黄了的大米煮粥给孩子吃，消食效果也非常好。

山楂干必不可少，煮点水给孩子喝，或者把煮的山楂水和在面里，擀点小面片，包包子和饺子也行。

还可以买一点苦菜苗，剁碎了加一点点糖，喂孩子吃。用这种苦菜苗给孩子败火非常好，顺应了自然，既能去掉冬天的内热，又能去掉春节时内在的积食。

（叶 依）

枕头应与肩同宽

　　婴儿枕头的枕芯应选质地柔软、轻便、透气、吸湿性好的材质，常用蒲绒、荞麦皮等作为填充物。枕套最好选用新的纯棉制品制作，睡觉时如果婴儿出汗较多浸湿了枕头，容易造成细菌的滋生，要勤换枕套。枕头高度一般以3~4厘米为宜，要根据婴儿的发育状况，逐渐调整枕头的高度，枕头的长度与婴儿的肩部同宽最为合适。

（熊月娥）

天冷让孩子赖赖床

　　全军儿科中心副主任、福州总医院儿科主任医师任榕娜指出，冬天天气冷，睡了一夜觉的孩子，在家长呼唤起床时，大脑仍然处于睡眠状态，脑波活动很难马上调整过来，因此应提前轻轻唤醒孩子。别催孩子马上起床，给他5~10分钟的适应期赖赖床。孩子上厕所的时间，不宜超过20分钟。

（吴 志　张文明）

宝宝服药有讲究

　　山东省烟台中医院小儿科主任李京芝提醒，给孩子喂药时要注意：抗生素类药物一般在饭前服用；助消化类药物应让宝宝在饭前或者饭中服用；多数止咳类药物为黏膜吸收，口服后不应立即饮水；止泻类药物空腹服用效果较好；解热类药物服用后应让宝宝多喝水，防止因发热而脱水。

（贺军成）

从嘴角喂药更顺利

　　给"小不点儿"们喂药有个小窍门，就是从嘴角把药送进去更顺利。同时轻压孩子的舌尖使他产生吞咽动作。对于不合作的宝宝，可以将其一只手夹于自己腋后，再固定孩子另一只手，另一人再用拇指和食指轻拉下颌使其张嘴，同样从口角处放入，等药液吞入后再松开手。

（杨　娟）

喂中药：汤匙往舌根放

南京市中医院儿科主任中医师唐为红给家长介绍了喂中药的小技巧：熬药时尽量浓缩使药量不要太多，药中加入适量食糖减轻刺激性气味。喂药时尽量将汤匙往舌根部放，避开对苦比较敏感的舌中部味蕾，动作要快而准。千万别在宝宝不情愿时强喂。

（徐翎翎）

腹泻用药5种禁用

若儿童腹泻不伴有发热，无呕吐，大便中未见黏液及血丝，多不需使用抗生素，可给予蒙脱石散及活菌制剂口服治疗，注意口服蒙脱石散前后半小时不宜进食。

细菌性腹泻可能伴有发热、呕吐等，应及早就医，不可擅用盐酸洛哌丁胺、复方苯乙哌啶、诺氟沙星、四环素及活性炭治疗，以上均为儿童禁用药物。

（廖亦男）

调整肠道药冷着吃

湖南省儿童医院感染一科杨莉医生说，小儿腹泻会用到肠道调整的药，如双歧三联活菌片、酪酸梭菌肠球菌、复方嗜酸乳杆菌片等，其主要成分为长型双歧杆菌、嗜酸乳杆菌、粪肠球菌等，这些药品成分可以直接补充人体正常生理细菌，调整肠道菌群平衡，抑制并清除肠道内有潜在危害的细菌。

但这些菌群是活菌，只能在2~8℃的温度下生存，需要用冷开水送服。用热的开水送服，高温作用下，大部分肠道活性菌会死亡。服用后虽说没有副作用，但也失去了调节胃肠道功能的效果。

小孩吃错药先试催吐

孩子误服了成人药物，在送往医院之前，可以先做催吐。用手指或羽毛状柔软的东西刺激孩子咽部，使药物被呕吐出来。胃部食物少者，吐不出来，可让孩子喝大量水，然后将其肚子顶在大人的膝盖上，头部放低。再将手指伸入小孩喉咙口，轻轻压一下舌头根部，反复进行，直至呕吐为止。

（刘花艳）

测体温还是肛表准

给新生宝宝测试体温最好的方法是用肛表，因为宝宝的自我控制能力很差，口腔表容易咬碎，新生宝宝不配合用腋下表测试体温。三种测体温方法数值略有差异，体温正常值依次相差 0.5℃，即腋下 36 ~ 37℃，口腔 36.5 ~ 37.5℃，肛门内 37 ~ 38℃。腋下有汗时，应先用毛巾将汗液擦干后再用腋下表测，刚喝完热水或活动后不要马上测试体温。

（张 芳）

查 B 超禁食有讲究

除骨骼系统外，孩子身体的每个部位都可以使用 B 超或者彩超检查。家长需注意，孩子做腹部检查前要禁食禁水，6 个月以下的宝宝禁食禁水 4 小时，6 个月以上的宝宝提前 6 小时禁食禁水。做盆腔检查时，需要孩子憋尿，可以提前 30 ~ 60 分钟喝足够量的水（最好是甜水）。做心脏、眼睛及血管瘤检查时需要镇静，尤其眼睛的超声检查需要孩子处于深睡眠状态。

（陈丽丽）

打预防针要注意什么

湖南省儿童医院蒋永梅医生告诉大家，接种前要先测量体温，若有发热应推迟接种。接种后，当天不要洗澡，也不能让孩子太疲劳。过敏体质者，应提前向医生说明。

如果遇到下面这三种情况暂时不能接种：孩子发烧，患有急性传染病、哮喘、风疹、湿疹、心脏病、肾炎及肝炎等疾病。孩子腹泻时不要吃小儿麻痹糖丸。有"羊癫疯"病史及药物过敏史的儿童不要进行预防接种。

十滴水需急服

十滴水主治因中暑所致的头晕恶心、胃肠不适、腹痛等症。中医认为，当暑热之邪侵入人体后，上蒸清窍故有头晕或头痛症状，这时可急服十滴水。特别注意，十滴水只适用于短暂的急性疾病，如病程仅数十分钟或数小时，发病时服用 2~5 毫升即可。如果拿来当作预防用药日常服用则没有必要。十滴水所含的药物成分有一定毒性，故不宜多服。

(蒋璐杏)

卡介苗硬结别热敷

　　孩子接种疫苗后，出现局部红肿、硬结，一般不需要处理。较重者可用干净的毛巾热敷，每日数次，每次 15 分钟。需要注意的是，接种卡介苗后，出现的局部反应不能热敷。接种疫苗后体温升高持续 1~2 日，也是正常现象，适当休息，多喝开水即可。

（博　恩）

涂抹牙膏会加重烫伤

　　湖南省儿童医院危重病一科袁远宏医生说，孩子烫伤了，家长一着急，脑子里迸出的都是偏方，比如用牙膏、酱油来涂抹烫伤处。其实这样做适得其反，因为用它们覆盖住伤口使得热气只能往皮下组织深部扩散，从而加重烫伤。同时，很容易使渗出液积聚，滋生细菌。另外，牙膏会粘住伤口增加医生处理创面的难度。正确做法是将伤处用冷水冲洗，之后送往医院。

孩子烫伤都能避免

解放军总医院第一附属医院烧伤整形科主任柴家科教授说，小孩被烫伤主要还是大人照看不周造成的，完全能避免。

家中暖瓶、刚做好的饭菜、汤要放在孩子不易碰到的地方；不要让孩子进入厨房；煤气不用时应关掉总开关；电饭煲等热容器不要放在低处；给孩子洗澡时，要先放冷水再放热水；燃放烟花爆竹时家长要在一旁看护。

更应对孩子从小进行自救教育：发生烫伤后的早期最佳处理方法就是用自来水冲洗。冲洗时间越早越好，即使烫得表皮脱落也可以冲洗，不要惧怕感染。冲洗时间可持续半小时左右，以脱离冷源后疼痛显著减轻为准。涂抹酱油、牙膏、紫药水等偏方都不科学，容易引起创面感染。

（张献怀）

高热惊厥：3% 宝宝会得

浙江省台州医院儿内科主任医师王昕昕介绍，高热惊厥多发于6个月至3岁的儿童，3%左右的儿童至少发生过一次高热惊厥。多数于病初体温骤升时出现惊厥，以上呼吸道感染时多见。

家长不可将孩子抱起高声呼叫。应保持其呼吸道通畅，禁喂水、喂食，将孩子放平，头偏向一侧。可按压人中、合谷穴。

（汪建伟）

食物过敏：6% 婴儿难逃

6% 的婴儿在出生后第一年会对食物过敏,即使是纯母乳喂养的婴儿,牛奶蛋白过敏发生率也达 0.5%。如果新生儿腹胀明显,特别是添加了配方奶的宝宝,放屁多且哭闹,八成就是对牛奶蛋白过敏了。孩子过敏的表现还有：皮疹、频繁溢奶、呕吐、腹胀、腹泻或便秘、肠绞痛以及呼吸道症状等。

(南亚华)

有的食物触碰也过敏

北京朝阳医院儿科徐昱医生说,儿童常见过敏性疾病会表现在多个系统,如过敏性鼻炎、过敏性哮喘、过敏性皮肤病等。避免过敏最简单的方法就是远离过敏原,尤其是食物,不一定是吃,可能只是偶尔接触也会造成皮肤发痒、红肿的过敏反应,例如香蕉、木瓜等。有过敏遗传史的婴儿居室内,应该不养宠物、不抽烟、不铺地毯,定期清洗门窗和玩具,及时清洗床上用品。

红枣有抗过敏功效

　　不同的孩子过敏表现也可能不同，有些表现在皮肤上，有些则表现在器官上，大点的孩子可能会说哪里痒，小婴儿则可能表现得十分躁动。红枣有一定的抗过敏功效，平时可给孩子多吃些。胡萝卜、番茄等维生素C含量高的蔬菜，也有一定的抗过敏作用。发现孩子出现过敏症状一定要及时就诊。

（何　蒲）

遗尿要避免过敏食品

　　南京军区福州总医院儿科主任医师任榕娜说，5岁以上儿童每周尿床3次以上超过3个月，就要到医院就诊。生活中从4个方面进行干预——晚餐后限制液体摄入量；白天排尿时让儿童突然停止一会儿，然后再继续排尿以训练；制作日程表摸清遗尿规律；有明显食物过敏史的儿童，要避免摄入该过敏食品。

（吴　志）

尿床复发警惕糖尿病

儿童患上糖尿病也会出现典型"三多一少"症状：多尿、多饮、多食、消瘦。广州市妇女儿童医疗中心内分泌代谢科主任医师刘丽提醒，孩子出现以下症状时家长要当心：尿量每天多达 1000 ～ 2000 毫升，至少是正常尿量的两倍；经常口渴，夜间也要起来喝水；已经消失一段时间的尿床现象又重新出现；吃得多又不长胖，甚至体重下降。

（马 军）

玩具过艳催生肥胖儿

色彩鲜艳的陶瓷用具的彩色釉面含有金属镉，盛酸性物质时就会溶解出来；儿童舔金属玩具也可摄入镉；儿童读物的油墨中含有多氯联苯，这些都被称为"环境致肥因子"，会通过激活脂肪生成、刺激葡萄糖摄取等机理导致肥胖。空军总医院儿科副主任医师刘晓宇提醒家长，为孩子挑选玩具和生活用品时，要选用质量好的，不选颜色过于鲜艳的商品。

（王 琳）

不给孩子用塑料地垫

比利时禁售泡沫塑料拼图地垫，原因是几乎所有的泡沫塑料拼图地垫都会释放包括甲酰胺在内的有毒物质。这则消息让很多的中国妈妈也跟着担心起来。

"我没有做过试验，也不清楚市场上销售的泡沫塑料拼图的生产工艺，所以不好下结论。但有一点，我不给我的孩子使用泡沫塑料拼图地垫。"北京工商大学塑料所副所长杨彪称，闻起来有明显味道的泡沫塑料拼图地垫，长久使用对宝宝会有一定危害。

即使闻起来没有什么味道，也要少用。因为有些泡沫塑料拼图地垫不仅仅会产生有味道的甲酰胺，还会在加工过程中产生一些不明的残留物。

水洗和阳光晾晒等办法只可以去除表面的残留物，泡沫塑料里面的残留物去除起来还是很困难的。

(叶永笔)

天热少玩塑料玩具

正规的塑料玩具包装上都会说明"避免高温"，提示你在清洁、保管时不宜超过 40℃，因为这种塑料超过一定温度就会释放毒素；而如果是劣质塑料生产的玩具，当温度升高时，释放的有毒物质会更多。因此炎炎夏日，应尽量少让孩子玩塑料玩具。

塑料玩具行内有个术语，即"二料"，用来形容玩具原料，指的是用回收废塑料加工成的原料。这种"二料"好的很贵，每吨上万元，所以很多玩具企业会选择便宜的劣等"二料"，来源复杂，有的是饮料瓶，甚至还有医疗垃圾。这些"二料"清洁度差，含化学有毒有害物质，牢固度也很差，在粘合过程中要使用牢固剂，这就要使用到甲醛。

选购玩具时，首先要仔细看，看包装上是否有厂址厂名和3C认证；还要仔细闻，一定要挑选那些没有异味的玩具；选购儿童玩具最好到大型正规的商场或超市购买。

另外，清洗、保管玩具时，要避免高温，家里的塑料玩具要放置在阴凉通风的地方，避免在阳光下暴晒；尽量让孩子少玩塑料玩具。

（湖南省儿童医院门护组主管护师　雷利平）

宝宝洗手还是用肥皂好

宝宝洗手你给他用什么？肥皂还是洗手液？好多妈妈似乎更倾向后者，认为它更方便，更卫生，其实不然。

事实上，洗手液多含抗菌化学物质，对宝宝肌肤反而有害，而洗手液里的某些成分，如三氯生，会对人体甲状腺造成伤害，甚至某些洗手液还可能含邻苯二甲酸酯、聚乙二醇，这些会影响生殖健康。

在公共场合，最好自己带块小肥皂，或用消毒纸巾消毒，尽量避免使用外面的洗手液。

（湖南省儿童医院新生儿一科　周金花）

儿童房里少养花

湖南省儿童医院血液内科肖荣桃医生说，儿童房里不宜过多养花，因为孩子的新陈代谢很旺盛，需要有充足的氧气供应。而花卉在夜间吸进新鲜的氧气，吐出二氧化碳从而减少室内的氧气，不利于小儿的健康。有些花草具有的浓烈香气会引起小儿头痛、恶心、呕吐和皮肤过敏。

黄柏煎水保护皮肤

南京市中医院皮肤科主任中医师石红乔介绍，婴幼儿皮肤娇嫩，容易遇到各种各样的皮肤问题。新手父母可以给孩子勤洗温水澡，保持其皮肤干燥清洁。也可以通过中药外洗，如金银花、黄柏等几味中药煮水后，反复外敷止痒，一般7~10天就能够让症状消失。如果全身起湿疹，可以通过将中药熬水放在洗澡水里面。洗澡时保护好宝宝的眼睛，免受药物刺激。

另外，若长了痱子，也可以用黄柏煎水擦洗，去湿热，痱子也好得快。

（钱文娟　赵国梁）

桃叶水擦洗治痱子

　　盛夏时节，孩子容易起痱子，应适当控制户外活动时间。洗澡水温不宜过冷或过热。过冷可使汗腺孔闭塞，汗液排泄不畅，致使痱子加重；过热则刺激皮肤，使痱子增多。可用桃叶 50 克，加水 500 毫升，将其熬到只剩一半水量时，用煮过桃叶的水直接涂擦痱子，效果不错。

（朱本浩）

出汗时别用风油精

　　7 岁以下的儿童是中暑的高发人群。常用的防暑药有风油精、人丹、藿香正气水、十滴水等。天热时将风油精涂在太阳穴、印堂穴、人中穴等部位，会使人神清气爽。但如果在出汗时用，其中所含的薄荷、樟脑等会通过汗腺被吸收，很容易导致过敏。人丹含有檀香、朱砂等，儿童应该在医生的指导下服用。对酒精过敏的儿童，要将藿香正气水换成胶囊。

（周　雄）

防蚊记得勤擦汗

宝宝容易出汗，而汗液中的乳酸对蚊子最具有吸引力，这也是宝宝更易被咬包的原因，所以妈妈一定要为宝宝及时擦干汗液，并注意勤洗澡、勤换衣，保持皮肤清洁。此外，蚊帐是最安全有效的防蚊装备。

如果被蚊虫叮咬部位的皮肤比较疏松，如眼睑、包皮、阴囊、嘴唇等处，家长也不要惊慌，经过医生抗过敏治疗，一两天就可以消肿。

（湖南省儿童医院皮肤科　树　叶）

擦干汗液再量体温

正确地给孩子量体温，我有 3 点小建议。

第一，检查体温计是不是完好，有没有破损，水银柱是不是已经甩到了 35℃以下。

第二，量腋温时，要让孩子举起胳膊露出腋下，先用小毛巾擦干汗液，这一点在夏天尤其重要。然后将体温计水银端放于腋窝深处并紧贴皮肤，屈臂过胸夹紧体温计，7~10 分钟后取出。

第三，量肛温时，要取侧卧或俯卧或屈膝仰卧位暴露臀部。用液状石蜡油润滑肛表水银端，轻轻插入肛门 3~4 厘米并固定，3 分钟后取出。

（刘　惠）

宝宝中暑喝淡盐水

在夏天，如果孩子浑身发烫、烦躁不安、头痛恶心，甚至突然昏倒、肌肉抽动时，就是中暑了。应立即将宝宝移到通风、阴凉、干燥的地方，让他仰卧，脱去或松开衣服，用凉的湿毛巾冷敷头部、腋下及腹股沟，或用温水或酒精擦拭全身来尽快冷却体温。还可服用人丹和藿香正气水等解暑的药品。对重症中暑患儿要立即拨打 120 或 999。切记不要让宝宝过量饮用热水，也不能靠喝冷饮来降温。应该少量、多次喂水，以淡盐水和凉白开水为主。

（湖南省儿童医院　赵珍珍）

冷饮取出半小时再喝

孩子喝了放在冰箱内的果汁饮料，常会引起非炎症性的胃痉挛。南京东南大学附属中大医院窦国祥主任医师指出，从冰箱里取出的饮料，最好放 30 分钟后再给孩子喝。一旦出现问题，可以用热水袋外敷胃部，或泡杯生姜红糖水服用。

（杜　恩）

玩出了汗别马上洗澡

痱子防重于治，首先要保持室内的通风及干燥，温度适宜，夏天26～28℃为宜。小孩不要穿紧身的衣物，这样会阻碍皮肤的呼吸，勤洗澡，多喝水。尤其应该注意的是玩出汗的时候不要立刻洗澡，等汗退身凉的时候再去洗，这样就不会引起汗液闭塞体内而引起痱子。

中医去痱方法比较多，内服方法有：

夏桑菊凉茶，小孩用时要比大人的用量稀释两到三倍，平时当水喝，有清热解表的功效。

黄芪、沙参、麦冬泡水喝，可以滋阴清热。

百合、枸杞与冬瓜炖汤，有补肺益肾阴、利水的功效。

时令季节的西瓜以及绿豆汤清热解毒、除烦解渴效果也非常不错。

还有一些比较实用且疗效显著的外用方法。

小孩每次洗澡时在水里滴入3~5滴花露水或十滴水，也可以用藿香正气水代替，清热抗病毒效果非常好。

艾叶煎水，按20：1的比例配制，也可起到清热止痒的作用。

给宝宝洗澡前，先在洗澡水中放入5~7颗菊花，半小时后再给宝宝洗澡，有疏表清热的功效。

上述办法都比较简单，也很安全，且效果非常好，各位家长朋友可以一试。

（湖南省儿童医院中医科　罗　伟）

洗澡缓解麻疹病情

很多家长得知宝宝患麻疹后就不让宝宝吹风，更别说洗澡了。其实洗澡对麻疹有良好的辅助治疗效果。

第一，可以清洁皮肤，促进血液循环，促进排汗，有降温作用。

第二，清除鼻涕，麻疹患儿通常有流涕症状，给宝宝洗澡可促使鼻涕流出。

第三，增加饮水量，多数宝宝洗澡后都想喝水。

第四，得到锻炼和促进睡眠。洗澡时，室温控制在 25℃、水温控制在 40℃为宜。

(湖南省儿童医院　游美英)

水痘患儿：勤洗手少洗澡

水痘易发于 1 ~ 10 岁儿童，传染性很强。水痘患儿需隔离在家至全部皮损干燥结痂为止。多卧床休息，多喝开水，吃易消化的食物，少食鱼、虾、蟹、牛羊肉等，避免冷风直吹。患儿皮肤要保持清洁，但不要洗澡过勤，要勤洗手，剪短指甲。破溃的水痘可外涂龙胆紫，痒时可外涂炉甘石洗剂。可用淡盐水漱口。

(刘世华)

孩子洗澡不宜过勤

孩子皮肤角质层较薄，容易缺乏水分，加上天气干燥，如果洗澡过勤，会加重皮肤水分流失，造成皮肤瘙痒，皮肤上起白粉末，看上去像树皮一样裂开。出现这样的情况时，家长应减少洗澡的次数，两至三天洗一次就行，洗澡后立即给孩子全身涂上有滋润效果的润肤霜或润肤露。

（刘　新）

 # 洗澡后趾缝要擦干

南京市妇幼保健院皮肤科马巧玲主任说，孩子皮肤嫩薄，夏季一般都暴露在外，出汗较多，免疫功能低下，真菌很容易乘虚而入。所以轻薄透气的棉质衣物是首选，袜子等衣物要勤换洗。洗完澡后，擦干净脚趾缝、手指缝等"旮旯"，不给癣留下可乘之机。同时家里生癣的成人，个人生活用具如洗脚盆、毛巾等要严格分开。

（孔晓明）

小脚丫缝隙要干燥

前几天闺女的小脚趾头脱皮厉害，像是感染了。见事态严重就用棉签蘸酒精擦拭，再用药皂洗脚，很快就好了。后来听医生说，平时一定要保持小脚丫缝隙间的干燥，尤其是洗完脚以后要擦干，能够预防脚部的感染。

（马 欣）

花露水稀释 5 倍再用

夏天孩子容易出现红色皮疹或长少许痱子，不宜用花露水直接涂抹。因为成人花露水浓度较高，使用前可先用 5 倍的水稀释。花露水虽然清凉止痒，但没有治疗功效。尤其对于皮肤敏感的人，花露水中的薄荷、樟脑等成分会产生过敏反应，导致接触性皮炎。最好选用儿童专用花露水，以免孩子出现不良反应。此外，小孩子在洗澡时也可适当滴几滴花露水，有防痱子的作用。

（温 乐）

剪倒刺前用温水先泡泡

南京市中医院隆红艳副主任医师说，有的季节宝宝爱长倒刺。家长可以先用温水泡泡宝宝有倒刺的手约 3～5 分钟，等指甲周围的皮肤变得柔软后，再用指甲钳或小剪刀在倒刺根部将其剪掉。指甲钳或小剪刀需先用酒精消毒。一旦倒刺周围发红或出现了化脓现象，可能出现感染，最好及时去医院就诊。

（钱文娟　赵国梁）

手指甲弯着剪，
脚趾甲直着剪

在儿童医院上班，经常会碰到年轻的父母不敢剪宝宝的小指甲，以致小宝宝的小手指甲常会抓伤到自己稚嫩的小脸或脚趾甲周围皮肤发红发炎。

我介绍一点自己的小窍门：首先剪手指甲的频率应每周一次，剪脚趾甲每月一次。宝宝洗完澡后手指甲和脚趾甲被水软化了，这个时候是修剪它们的好时机。

剪的时候，手指甲要顺着指甲的弧度修剪，脚趾甲则要平直修剪，脚趾甲两头剪得太深容易引起甲沟发炎。修剪时可以将宝宝手指腹和脚趾腹往后推，使指甲剪不易碰到它们。万一碰伤了宝宝的皮肤，应马上用消毒的纱布压迫出血处至不出血为止。

（湖南省儿童医院　刘秀芳）

生长痛，少动多歇最直接

生长痛多见于 3~7 岁学龄前儿童，在医生排除肌肉或骨骼的不良病变后，家长可在家帮孩子采取相应措施。少活动，多休息，这是减轻孩子生长痛的最直接办法。疼痛较重时，可局部按摩、热敷，或用舒筋洗液外洗，也可以服用一些补益肝肾的中药进行治疗。最后要注意补钙，服用钙片，多吃牛奶、骨头汤、蔬菜、虾及坚果类食物。

（张 林）

 # 生长痛，热水敷小腿

儿童生长痛不需要特别治疗，最重要的是休息。可转移他们的注意力，用讲故事、做游戏、玩玩具、看卡通片等方法来吸引宝宝。睡觉前用热水给孩子泡泡脚，热敷小腿。疼痛较重时，可局部按摩，也可适量服用维生素 C、维生素 B1，维生素 B6 和牛磺酸。经过适当休息、锻炼、按摩，很快便会治愈。

（桑孝诚）

裤带太紧伤肋骨

湖南省儿童医院肖冬梅医生说，裤带束太高、太紧会引起宝宝肋骨外翻，听起来真吓人，但这都是真实病例。

婴幼儿正在发育，骨骼中矿物质含量低，受到外力压迫容易变形，如果裤带束太高、太紧就会人为地在束裤带处勒出一条横沟，并使横沟以下的肋骨向外翻出，造成肋骨凸出。

裤带只须系在肋弓下、脐上即可。如在束裤带处看到皮肤发红、皱起，说明裤带太紧。

拍嗝能促进颈部发育

喂奶后给孩子拍拍嗝，是为了防止吐奶。其实，这也是给宝宝锻炼竖颈活动，促进颈部主动运动发育的一个好机会。南京东南大学附属中大医院高级保健中心高级教师高明认为，拍嗝时要注意用手保护和稳定宝宝头部，时间不宜过长。此外，还要在小婴儿不饿不饱、情绪愉快的时候，让他做短暂的俯卧抬头，每天 1~2 次。对生长发育很有好处。

（崔玉艳）

如何认识新生儿脱水热

刚出生的小宝宝体温突然升高，甚至达到 39℃，且不停哭闹，面色潮红，很多家长都以为是发烧或感染了。北京华信医院儿科主任王俊怡提醒，新生儿体温升高大多是由脱水热引起的，无需过度紧张。

脱水热多出现在出生后 3~4 天正常母乳喂养的新生儿，是新生儿一种特殊生理状态，主要是由体内水分丢失过多引起的。比如新生儿通过汗液、呼吸、大小便会丢失大量水分，加上出生 3~4 天母乳不足，得不到足够水分或穿得过多过厚，热量不能及时散出去，都会造成脱水热。

王俊怡提醒，要注意与感染引起的发热鉴别，感染时，常伴有反应差，孩子一般是不吃不喝，也不爱动。如果是脱水热引起的，一般不用特殊处理，只要打开包被，喂点温开水，物理降温就可缓解。

（王小金）

脚踝肿胀可冰敷

孩子的骨头较软，比成人的骨头更能减轻振荡，所以不容易骨折，但是如果承受的压力过大，也会发生骨折。如果你的宝宝脚踝只是有点儿肿，没有其他骨折迹象，可以用冰敷处理受伤的地方，看是否会好转。如果伤势没有改善或加重了，就需要请医生检查了。

（谭 炯）

骨折后饮食由淡转浓

　　孩子骨折，家长总想通过饮食来促进恢复，但最多也就是熬些骨头汤。其实，这里面有点讲究。骨折初期，受伤部位淤血肿胀，饮食应以清淡、活血化瘀为主，忌食酸辣、燥热、油腻食物。伤后 3 周淤血大部分吸收，饮食转为适当的高营养，补充维生素 A、维生素 D、钙及蛋白质。伤后 6 周，已有骨痂形成，饮食继续以高营养食物为主。

（莫莎莎）

头皮血肿 3 天内禁洗浴

　　宝宝出生后，头顶的一侧或双侧可能有肿块，即头皮血肿。这些出血仅发生在颅骨外，并不会遗留后遗症，经过 1~4 个月会自然吸收。日常护理中，宝宝宜静卧，尽量减少头部活动，3 天内禁止洗头洗澡，更换尿布时避免转动头部，喂母乳时不宜抱喂，应洗净双手和乳头，将身体倾向婴儿，将乳头放入婴儿口中哺乳。切忌挤压或揉擦肿块。

（湖南省儿童医院药剂科　安喆妮）

传染性软疣要尽早治疗

传染性软疣容易诊断，也不是什么大毛病，但是很多家长一听治疗需要拿镊子把里面的软疣小体夹出来，就怕孩子受罪，不想治了。

这个病会传染，越传越多，最好的治疗方法就是用镊子夹，而不是冷冻或激光，口服外用药也都没有疗效。如不及时治疗，孩子可能用手抓造成继发感染，尤其是长在特殊部位的软疣，如眼周、眼睑、头皮、外阴等处，更要及时去就医。

（天津市儿童医院皮肤科　廉　佳）

糖尿病患儿少做无氧运动

南京市中医院内分泌科主任医师吴学苏说，儿童糖尿病主要是饮食惹的祸，一般发病于儿童小学或中学阶段。已经患病的学生要学会低血糖的早期识别与急救方法，随身携带一些糖果或零食。在上体育课时，尽量避免做剧烈的无氧运动，如短跑、跳高等，可选择强度低一些的有氧运动，如慢跑。

（徐翎翎）

看看咱家够安全吗

　　一项由全球儿童安全组织在中国进行的调查显示，超过 60% 的儿童伤害发生在家中。其中，烫伤（87.9%）最高，其次是中毒（86.4%）、跌落（46%）及溺水（14.5%）。

　　家本应是安全的港湾，为何会成为儿童伤害高发地呢？除了家长认真看护、改进行为习惯等外，家中的环境安全也很重要。我们应该从孩子的视角来看家的布置，不妨从 5S 法则开始着手。

1S——看（SEE）

　　宝宝的话：我一出生，就活在"大人国"里，但我只会用"小人国"的方法用家中物品。

　　家长须知：要时刻用儿童的眼光看待家的环境和用品安全。

　　家中没孩子时，水壶放茶几上几乎不会发生意外，可是当你家有了孩子，这就是安全隐患了。因为宝宝随时可能跑过来用手抓水壶。要记住，孩子的手会时刻伸到他好奇的地方。

　　跌落也是家中高发事件。你要做的是：从孩子的角度审视一下你家窗台、房间物品的摆放位置，看看哪里可能会发生意想不到的跌落。如果你的孩子可以自己打开窗户的缝隙超过 10 厘米，那他（她）就有可能从窗户或栏杆间坠落。

　　你还可以告诉孩子，"人是不能飞翔的，电视、动画中的人可以飞起来，是虚拟的，不是真的。"再告诉孩子"我不是小鸟，我不会飞翔。"

2S——大小（Size）

　　宝宝的话：现在我的嘴已非常灵敏了，东西放嘴里尝一下，就知道好不好吃。但我的呼吸道还比较窄，记得给我的物品直径要大于 3 厘米，

稍大点更安全。

　　家长须知：物体的大小对不同年龄段的孩子有着不同的潜在威胁，特别是婴幼儿，一般原则是，越小的孩子给予越大的物品。

　　婴幼儿用口来认识这个世界。拿到手上的东西，他都会放入口中尝一下。所以，家长一定要将家中的小东西收起来。玩具等的部件一旦掉落后，也一定要收起来，不要让婴幼儿拿到。

　　当大孩子和幼儿一起玩时，要注意大孩子的玩具，有的幼儿是不能玩的。同时，幼儿吃东西时，一定要安静坐好，不看电视，不讲笑话等。

35——表面（Surface）

　　宝宝的话：一次，我偶然拉桌布，发现桌上的碗会动，我好兴奋。热汤热茶，也不能阻止我继续探索"新大陆"。

　　家长须知：物体表面要无锐角或突出尖角，涂层无毒，表面坚固。同时，需注意表面附件物不可掉落，一旦掉落，可能碎成一个小物体，被幼儿误服。

　　家中儿童活动的地方，一定要整洁、没有杂物，孩子才能安全自由地活动。同时，因为孩子会对喜欢的东西反复摸，玩具则反复玩，所以，要确保物体表面的涂层是无毒的，特别是儿童家具和儿童玩具等。

　　另外，物体表面也不能有脱落的油漆等；另一个很重要的，就是表面坚固度，儿童往往会猛烈压或猛烈摔一样东西。割伤、刺伤和中毒常与物体的表面及家庭地面是否整洁、有无障碍相关。家长一定要引起注意。

45——绳带（String）

　　宝宝的话：请不要给我超过22厘米的绳子或线，不管是粗是细，我会用来做游戏，把它们绕在手上，甩啊甩的，有时会甩到脖子上，绕上好几圈，勒得我够呛。

　　家长须知：儿童喜欢把绳带套在头颈上玩；同时，当有物体钩住儿童衣服上的绳带时，往往勒颈意外就会发生。

绳带对幼儿及儿童都有潜在威胁。国际上对玩具上的绳带长度和儿童服装上的绳带长度都有要求。玩具上的拉绳长度是，伸展拉长后不超过 22 厘米。

而在美国、欧盟等一些国家和地区已禁止在儿童衣帽上用绳带。同时，衣服下部、腰围处的绳带也不能过长，儿童在做游戏时、上下楼梯时，一旦衣服上的绳带被挂住，那将是很危险的。

55——标准（Standard）

宝宝的话：那天，我骑着小自行车高兴地在小区里转圈，可是突然我的脚趾被卡住了，原来是露在外面的车链与齿轮卡住了我右脚脚趾，疼得我哇哇大哭。

家长须知：家长不可能成为各种产品的专家，但为了孩子的安全，我们平时还是需多留意产品安全的要求。同时购买高质量的产品。

曾有个案例，9 岁的贵州男孩小江，胸部经常出现一种怪异的声响。家长以为孩子感冒了，到诊所挂了 4 天盐水，却仍然没有"消声"。后来到大医院一检查，着实让家长吓了一跳：小江的支气管内有一枚指甲般长短的喇叭活塞。原来他在一个小卖部里买了一瓶泡泡水，吹泡泡玩耍时，不想吹泡杆里的喇叭活塞滑出，被吸入气管，他怕被骂，一直不敢说。

活塞是不应该滑出的，产品明显有缺陷。

相关阅读

跌落预防

妈妈的行动：用三角木块做窗止。

需要的材料有，1 块三角形木块、1 根长魔术贴（长 15 厘米，背胶）。

制作步骤：①把长魔术贴背后的双面胶撕下，将其贴在窗框上固定；②把三角形木块的魔术贴面粘在已固定好的长魔术贴上，斜边面向另一扇窗；③三角形位置可调节，以此控制开窗大小；④不用时，取下三角

形木块，推拉窗复原。备注：上下推拉窗同样适用。

溺水预防

妈妈的行动：清空盆中水。教宝宝一句话："妈妈，看我玩水。"

烫伤预防

妈妈的行动：家中烫的物品贴上"火"一样的标示，并让宝宝认识。
教宝宝一句话："打火机不是玩具，我只拿冷东西。"

中毒预防

妈妈的行动：在家中化学用品上贴上"毒品"标示，并教宝宝认识它。
教宝宝一句话："先闻后尝"。

（全球儿童安全组织中国区首席代表　崔民彦）

其他篇

脑缺氧 3 个月内治

　　脑缺氧损伤的患儿出生后特别安静、不哭或睡眠时间短、睡不熟，很轻微的响动就使其惊醒，有的表现哭闹不停等，这些都容易被误认为是缺钙。脑干诱发电位是小儿缺氧脑损伤的诊断参考指标之一。如果婴儿属于脑缺氧，最好在出生 3 个月内得到系统的脑康复，包括高压氧、中药和早期训练，治愈率可达 95% 以上。

（王怀莲）

半岁前的贫血属正常

　　湖南省儿童医院蒋小梅医生说，所有的小孩均有一个生理性贫血阶段，这是由于小孩生长发育的特殊性决定的，出生后 1~6 个月，其血红蛋白低于正常值，从数值上来看，会存在轻度贫血，但这是正常现象，无需任何处理。半岁后血红蛋白会升至正常。此时需要检测血常规，如果仍有轻度贫血，在排除了其他疾病后，主要从饮食方面来调理。注意饮食多样化，常吃富含铁质的食物，如瘦猪肉、牛肉、兔肉、鸡肉、动物肝脏、绿色蔬菜等。

10个月学会用杯子

　　南京军区福州总医院儿科余自华主任说，当宝宝长牙的时候，牙龈容易发炎，可以用纱布蘸点凉水擦一擦来舒缓。当发现宝宝咬自己的嘴唇和舌头时，可以轻挠宝宝的小嘴唇使他松开。4～5个月大时，让婴儿习惯用勺喂养，10个月时应尽量逐渐脱离奶瓶，学会用杯子喝奶和喝水。这些都有利于宝宝牙齿的发育。大点儿的孩子应多吃耐咀嚼富含纤维的食物，如玉米、甘蔗、红薯干、苹果等食物，以加强儿童咀嚼功能的训练，有效刺激颌骨的生长发育。

（吴志 李政）

1岁半前：留个锅铲头

　　新生儿颅骨尚未发育完全，遗留了前后囟门两个空缺，尤其是前囟门面积大，要等到12~18个月才能完全闭合。闭合之前，出于自身的防御本能，宝宝这部分头皮上的头发总是好于其他部位。我国有些地区有给孩子剃"锅铲头"的风俗，剃光头时囟门处特意保留一部分胎发，形状像锅铲，保暖又防晒。所以，1岁半以前不妨给孩子留"锅铲头"发型，更好地保护孩子大脑。

（何 蒲）

两岁后再训练小便

一般当孩子能够自己维持四五个小时不尿湿尿布，就可以开始训练他自己小便了，也就是在两岁到两岁半，膀胱的控制功能成熟时。一开始可能一两个小时就要提醒他一次，他自己慢慢懂得表达时再把提醒他的时间拉长，或者可以等他自己来表达。夜尿的控制也可以从这个时候开始，提醒他夜里想尿尿时要起来，要留意晚饭后不要给孩子喝太多的水或饮料，睡前让他先去小便，半夜也可以叫醒一次，这些都可以帮助孩子学会更好地自我控制。

（谢伦艳）

小男孩易得肠套叠

肠套叠通常发生于两岁以下小儿，男女之比约 3：1。希望以下的几点建议能帮到妈妈们：天气变化时及时给宝宝加减衣服；饮食要定时定量；当一般的腹泻突然转为便秘并出现呕吐时，就应注意可能诱发肠套叠；当宝宝突然出现阵发性哭闹，并伴呕吐、精神不振或解红色果酱样大便时，应尽早就诊。

（孙 瑛）

鱼肝油：吃到两岁就行了

鱼肝油富含维生素 A 和维生素 D，可以用来预防佝偻病。佝偻病多在出生后两个月发病，6~12 个月时为最多，两岁以后就减少了。因为出生后最初两年内，小儿生长发育最快，各种营养物质需要的也最多。两岁后户外活动多了，接受阳光多了，就不用吃鱼肝油了。如果这时还有佝偻病表现，如方头、鸡胸、O 形或 X 形腿，那吃鱼肝油也不能解决问题，需要及时就诊。

（龙 娟）

川崎病 3 岁内居多

南京军区福州总医院儿科主任医师任榕娜说，川崎病与病毒感染有关。男患儿多于女患儿，约 80% 发生在 3 岁以下的小儿，大多数是 1~2 岁的婴幼儿。患儿往往发热不退，超过 8 天或更长时间，体温在 39℃以上，抗菌素治疗无效。严重者可致心肌梗死。发热初期双眼发红，口唇潮红如樱桃，手指足趾肿胀，发硬。发热后 2~4 天，出现全身弥漫性红斑，似麻疹。发热 3 天后可在颈部摸到肿大的淋巴结。

（吴 志 李 政）

包皮环切：最好等到 3 岁以后

郑州市第三人民医院男性科主任赵国富说，男孩阴茎要经历两个快速发育期，一个在三四岁，一个在十一二岁。如需做包皮环切手术，要等 3 岁之后。因为 3 岁前，包皮内板和龟头是粘连着的，手术分离时易造成龟头损伤。平时用偏凉的温水给孩子清洗，周岁前不必刻意洗包皮，重点清洗阴茎根部和阴囊的褶皱，这些部位较易留存汗液和尿液。

(陈锦屏)

严重倒睫毛 3 岁后手术

武汉市妇女儿童医疗保健中心眼科主任医师李世莲告诉家长，如果宝宝是先天性睑内翻倒睫，不要随便用镊子拔睫毛。

护理及治疗方法：

1. 家长每天用双手轻轻向下按摩宝宝的双下睑数次。

2. 如果倒睫摩擦角膜，出现磨眼、充血等症状时，可暂时用一长形橡皮膏，一端固定睑下缘，另一端粘贴在面颊皮肤上，将下睑向外牵引，以能刚好矫正内翻为度，以免造成睑外翻而致流泪。此法是暂时性方法，常用会对宝宝的嫩皮肤有损。

3. 如果 3 岁时宝宝倒睫严重、刺激症状明显，应该到医院通过手术矫治。

4～8岁儿童扁桃体稍大

　　儿童扁桃体自 10 个月开始发育，4～8 岁是发育的高峰期，这个年龄段扁桃体稍大，也是最爱感冒的年龄段，12 岁左右停止发育。正常情况下扁桃体能抵抗进入鼻和咽腔里的细菌，对人体起到保护作用。所以，让孩子养成饭后漱口、睡前刷牙的习惯非常重要。另外，扁桃体肿大的孩子当中，有相当一部分孩子属于过敏体质，除了扁桃体大以外，同时还可能患有腺样体肥大甚至哮喘，需要引起家长注意。

（刘海燕）

缺生长激素 5 岁前治

　　生长激素缺乏症可以通过注射基因重组的人生长激素来治疗。最佳治疗年龄在 5 岁左右，治疗愈早，效果愈好，花费愈少。河南中医学院第一附属医院儿科张建医生说，此病是由于各种原因所致的大脑垂体分泌的生长激素缺乏性疾病。主要表现为：出生时身长大多正常，但从两三岁起长得就比较慢了，每年身高增长 2~4 厘米，至八九岁的时候甚至比一般的孩子矮半头。总长着一张娃娃脸，前额略突出，声调高，稍胖一些，肚子比较大，智力正常，有些孩子还比较聪明。

（何世祯）

5岁以后：警惕猪头疯

"猪头疯"是腮腺炎的俗称，可以经过唾液、灰尘、玩具等传播，以5～15岁发病最多。如果小孩在说话、嚼东西时有疼痛、恶心、食欲不佳、全身酸痛时，妈妈就应该警惕了。及时就医是关键，疫苗能有效预防。患病期间，应保证休息，吃清淡营养的流食，注意口腔卫生，经常温盐水漱口。腮腺肿大早期可用冷毛巾湿敷局部。

（肖 晨）

宝宝5岁前不宜练写字

为了不让孩子输在起跑线上，很多家长在孩子两三岁时，就开始让他们认字写字了，其实，这种做法是非常错误的。

一般来说，我们不建议让孩子在5岁以前就学习写字。因为在5岁前，孩子的小肌肉发育还不健全，还处在成长发育期。这时，盲目地让孩子握笔，会使他的手部发育变形。而且，他的骨骼也不能负荷，手部力量也不够，那他的握笔姿势就会不正确。一旦养成这种不良习惯，将会很难纠正。

1～3岁时，家长可让孩子握油画棒进行涂鸦，加强小肌肉的发育。到4岁时，就可以让他使用水彩笔了，这时也一定要强调握笔姿势，为5岁拿笔写字打下基础。

（湖南省儿童医院康复一科护师 杨细丹）

5~10岁警惕滑膜炎

患滑膜炎的孩子多见于5～10岁，膝关节肿得像个萝卜。滑膜主要分布在关节周围，受凉、过度劳累、休息不好、外伤等因素均可诱发。急性滑膜炎多为运动过量和运动不当所致，而慢性滑膜炎则多是身体肥胖、膝关节负重、长期受寒所致。要预防，避免长期剧烈运动最关键。

（莫莎莎）

10岁去痣比较好

经常有家长咨询，孩子面部黑痣何时治疗效果最佳？根据多年的经验及相关文献报道，现在一致认为在孩子10岁左右，可以配合做手术时，效果最好。小时候需要全麻手术，10岁左右局部麻醉即可，痣也发展得不大，瘢痕会随着时间的推移渐渐淡化。

（山西省人民医院皮肤科　赵　鹏）

"小胖墩"每年测肝功

南京市第一医院儿科接诊过最小的脂肪肝患儿才 10 个月大。儿科张莉主任医师介绍说，小儿患脂肪肝的原因主要是养分多余、缺少运动。建议"小胖墩"的家长，每年到正规医院给孩子测一次肝功能。平时注意调节饮食，在保证孩子摄入发育所需要的足够热量的基础上，限制脂肪性饮食，适当供给高蛋白食品，多多运动。

（徐 骏）

每一两年给孩子测测骨龄

很多家长都不知道自己孩子目前的身高，以及孩子的身高处于什么水平。即使感觉孩子比同龄人矮，也是寄希望于"将来会长高的"，真等到孩子青春期后身高不再增长了，才四处求医就晚了。

与其亡羊补牢，不如提前预测以便心中有数，孩子长个虽有早晚之分，但骨龄可以真实地反映儿童生长的实际状态。如一位身高 130 厘米的 10 岁男生，骨龄为 9 岁的话，应该用 9 岁儿童的标准衡量，身高属于正常范围，19 岁时身高可能为 172 厘米；如果骨龄为 11 岁的话，应该用 11 岁儿童的标准衡量，身高属于中度矮小，19 岁时身高可能为 162 厘米。

家长可以每 1~2 年给孩子测一次骨龄，方法是去医疗保健机构拍摄手骨 X 光片，一般 6 岁以后就可以拍摄了。若孩子身高不尽如人意，应该尽早排除内分泌系统疾患，从营养、运动、睡眠等方面进行干预。

睡眠和运动是影响孩子身高增长的两大因素，学龄儿童，尤其是中学阶段的孩子，常常因为功课负担不能保证充足的睡眠和适当的运动，这时候家长应该帮助孩子权衡利弊、做出选择。

（中国疾病预防控制中心 蒋竞雄）

髋关节检查要持续

新生儿容易发生髋关节半脱位或脱臼，但也有的孩子刚出生时一切正常，几个月后甚至开始走路了才脱臼，这叫"迟发性髋关节脱臼"，这在临床上很多见。所以，儿童髋关节形成后仍可能发生脱臼，检查必须坚持至开始独立行走，尤其是那些有家族病史的儿童。

（苏珍辉）

瘦高个女孩易脊柱侧弯

南京鼓楼医院骨科主任邱勇介绍，脊柱侧弯又称斜肩膀，10~16岁多发，尤其好发于瘦高个女孩。家长应常留意孩子有无以下问题：上衣领口不平，女孩穿裙子时裙摆不在同一水平线；两侧肩膀不等高；一侧后背隆起；平躺时两侧下肢不等长。还可让孩子脱光上衣，双手合一，弯腰90°（躯体与下肢垂直），看两个肩膀是否在同一水平线。10岁以下半年查一次，10岁以上3个月查一次。

（柳辉艳）

查侧弯：摸摸后背脊柱棘突

东南大学附属中大医院康复科主任夏扬介绍，大部分脊柱侧弯出现在 11~16 岁，这段时间尤其要纠正孩子的不良姿势，增加腰背肌的锻炼，可以让孩子做俯卧撑、仰卧起坐和燕子飞。早期脊柱侧弯外观不明显，家长平时应观察孩子两侧肩膀有没有不等高，或用手摸后背脊柱的棘突，是不是在一条直线上。

（杜　恩）

孩子鞋跟别超过 1.5 厘米

7 岁以前的儿童都不应该穿厚底鞋或带气垫的运动鞋。鞋跟高，孩子的脊柱弯曲也增大，腰椎和颈椎的受力集中，容易形成慢性损伤。而且小孩子喜欢不停跑跳，鞋子随着运动不断地弯曲以便与地面接触，鞋底越厚，弯曲就越费力，从而导致脚部疲劳，并影响到膝关节及腰椎健康。建议给孩子选择鞋底厚度在 1 厘米内、鞋跟高度在 1.5 厘米以内的鞋子。

（谢监辉）

八字脚四五岁正常

　　宝宝刚学走路时，步伐蹒跚而重心不稳，两脚掌如八字般张开，是为寻求身体平衡。幼儿胯下包裹的尿布也会使两腿向外张，走路似八字。敏感的家长对此会比较担心。其实，随着宝宝熟练走路后运动与肌肉的协调，会将双腿及身体的重心摆放得更加平衡，其脚步也会趋向正前方，这差不多要等到四五岁。如果孩子四五岁后走路还是八字脚样，就有必要去医院了。

　　　　　　　　　　　　　　　　　　　　　　　　（肖冬梅）

皮鞋最能保护脚

　　大多数家长认为皮鞋不适合孩子穿，实际上皮鞋在所有的鞋类中功能是最全面的，非常适合儿童穿着。皮鞋的腰窝处加有钩心，不但能够保持鞋形，还可以增加儿童走路时的稳定性，避免脚扭伤，减少对足弓的伤害。皮鞋的后帮较硬挺，也能够帮助儿童保持平衡，养成正确的走路姿势。

　　　　　　（胡利敏）

选鞋：宽膛小跟最健康

很多潮妈喜欢给孩子穿各式各样的高跟鞋、鱼嘴鞋、流苏鞋等，但中国中医科学院望京医院骨关节科副主任医师程程提醒，孩子常穿这种鞋，可能会造成足部甚至是腰椎、骨盆发育畸形。

孩子足部正处于发育期，需要舒展的空间，而高跟鞋在某种程度上会限制足部活动。同时，孩子平衡性差，穿高跟鞋后身体摇摆幅度会更严重，当腰椎两侧肌肉运动不均衡时很容易造成脊柱侧弯。

程程建议，家长应为孩子挑选"宽膛"，再稍微有点小跟的鞋，这样可让孩子的脚趾伸展开，还可维持正常的足弓。当孩子感觉脚疼，或突然说这几天腰疼、后背疼或肩关节疼，又排除背包或久坐等因素外，那可能是鞋出了问题，应及时为孩子更换新鞋。

（《健康时报》记者　林　敬）

6 招选好宝宝鞋

一般妈妈给宝宝选鞋，只看是否柔软，扣带是否结实，是否漂亮。其实这还不够。

鞋子不能太紧。宝宝所有脚趾务必能方便地伸进鞋里，并留出一定空间，保证小脚有足够生长空间。鞋与脚的空隙以 0.3 厘米为宜。

鞋底不宜太硬。鞋子要柔软有弹性，可适度弯曲。鞋底有防滑效果，应较薄且柔软，最好是用天然乳胶材料。

材料必须透气。在材质上，以天然皮革为好，吸汗透气且亲肤性较好。猪皮鞋受潮后会变硬，软牛皮和羊皮鞋最好。

色泽不能褪掉。选购没经过染色、没刺鼻气味的鞋子对于宝宝的健康尤为重要。

鞋型必须合适。除考虑宝宝脚的长度外，别忘了脚的宽度。可根据宝宝脚的实际尺寸再增加半个号码，前提是宝宝系好鞋带后仍能稳稳站立和行走。

买鞋前要先试穿。每3个月测一下宝宝的脚，并检查宝宝现有鞋子是否仍合脚。买前一定要试。

（湖南省儿童医院急诊综合内科　詹　蓉）

脚趾夹物纠正扁平足

宝宝生理性扁平足可能和肥胖、穿硬底鞋、非主动性过早下地走路、缺钙以及遗传有关。一方面，要让宝宝适量摄入钙、铁等微量元素；另一方面，训练宝宝用大脚趾和食趾夹东西，或常踮踮脚，以促进足弓发育，加之适当的跟腱按摩。注意：当宝宝没有自己想走的愿望时，不要硬扶着学走路。

（张玲玲）

卷个纸筒辨别疝气

男孩阴囊肿大通常由两个原因造成：鞘膜积液或小儿疝气。如果是鞘膜积液，通常可慢慢自行吸收；疝气不愈则会造成很多不良后果。

采取透光的方法，即可将二者区分开来。把一张硬纸卷成一个纸筒，纸筒的下端罩在肿块上，再用手电筒紧贴肿块的另一侧透照，然后通过纸筒的上端进行观察。如果肿块呈现出通红透亮，则为鞘膜积液，若是不透光，可能是疝气了。

（戴秀娟）

硬币绷带能治疝气

河南省中医院吕沛宛医生说，朋友的孩子出生后不久便被发现患小儿疝气，西医要求半岁后手术。朋友寻到一个偏方：用纱布包裹一元钱硬币后用绷带固定在疝气出入口处。因孩子太小，皮肤太嫩，朋友缝了一个一元钱硬币大小的布垫堵在疝气外口处，30 余天后孩子就痊愈了。这中间要特别注意减少孩子哭闹，孩子哭时大人立即用手按住疝气口处。

提醒大家，如果孩子大一些，疝气垫就应相对缝大一点，绷带固定的时候要用力均匀，日夜固定。孩子生长发育快，因此治愈率比较高。

宝宝歪脖看哪个科

中国人素以端正、对称为美，所以，当一些家长发现自家孩子脖子歪时就很着急，立马怀疑是孩子骨骼发育不好，一门心思看骨科，其实，宝宝歪脖子的原因有多种，应逐一排查。

的确，有些宝宝歪脖子是由骨骼发育引起的，比如颈椎异常（如寰枢椎半脱位），还有一些患儿患有脊柱侧弯时，也容易将头往患侧偏斜，这时候也会歪脖子，应该看骨科；还有些小儿患有斜视，如果眼球向外偏斜不明显的话，患儿在视物时就容易将脖子偏向外侧，这时就应去眼科就诊了。

还有一种是小儿先天性髋关节脱位造成的斜颈，俗称"吊髋式斜颈"，这点很好理解，当我们把一侧的屁股扭动起来时，身体为保持平衡，就会呈"S"形，脖子就会向一侧倾斜；还有少数小儿患有小儿脑瘫时，也会出现斜颈。

另外，宝宝歪脖子还有种更常见病因，即先天性肌性斜颈，医学上称为"小儿斜颈"。全国名老中医、河南中医学院第一附属医院推拿科主任医师高清顺教授说，大部分患儿出现小儿斜颈时，会在脖子上看到或摸到一个疙瘩或条索状物质，这与局部出现结缔组织增生或韧带、神经等粘连有关。

"小儿斜颈"病因有先天性的，如宫内胎位不正、脐带绕颈等，也有些是因分娩时被损伤所致。高清顺教授强调，家长发现孩子有歪脖子，一定要明确病因再对症治疗。如果是单纯因颈部肿块、条索所致，一般来讲，早期通过系统的推拿治疗，约 2/3 的患儿可治愈。也有少数患儿病情较重，可在两岁左右进行手术矫正。

（《健康时报》驻河南中医学院第一附属医院特约记者　何世桢）

 # 草坪里的过敏原最多

杭州市中医院皮肤科主任陶承军说，门诊来了位患过敏性皮肤病的4岁男孩，一边挠一边哭。妈妈说，每天孩子都去小区玩，喜欢在草地上玩游戏。陶承军主任说，夏天小虫子很多，小区草坪往往喷洒了药剂。这时，草坪就可能集中了多种过敏原，包括除草剂、杀虫剂、虫子、动物毛及各种花粉等，所以小孩还是尽量远离草坪，实在要玩，回家后要立即洗澡并换干净衣服，消除宠物皮毛、粉尘、药剂等。

（徐尤佳）

 # 25℃左右尘螨最活跃

尘螨寄居在居室各个角落，活跃在温度25℃左右的环境里。所以，一到春季，一些过敏体质的孩子更容易得病。被褥中、床底下、柜子里、地毯上，都有可能成为灰尘和螨虫的聚集地，家长一定要定期用热水清洗床上用品、窗帘，经常使用湿毛巾或者湿墩布擦拭家具、地板。尽可能避免使用蚊香、香水、杀虫剂等，必要时可使用空气消毒剂。

（陈峥珍）

性早熟有征兆

正常情况下，通常女孩在 9~10 岁多时才会出现第二性征发育，男孩则在 12 岁左右时开始出现。女孩在 8 岁前出现乳房发育，男孩在 9 岁以前出现睾丸发育的特征，就属于性早熟，需要就医。

除了多留心观察孩子是否有第二性征过早外，10 岁前孩子身高增长突然加速往往是性早熟的一个信号，家长应及时带孩子找大夫咨询。

（上海新华医院小儿内科主任医师　邱文娟）

孩子耍脾气家长莫急躁

遇到孩子表现出反抗情绪，可采用引导方法。

首先是利用孩子易转移兴趣和注意力的特点，平和地用孩子爱玩的东西或爱听的故事等来吸引他，使其暂时忘掉不快。孩子情绪好转后，家长要及时弄清孩子发脾气的原因，对于合理的要求，要予以满足；对于不合理的要求，可通过玩手偶游戏或讲故事，使孩子学会明辨是非和控制情绪。

（天津市精神卫生中心青少年心理科副主任医师　孙 凌）

拽胳膊要不得

东南大学附属中大医院骨科洪鑫医生说，小儿桡骨小头半脱位常见于2~4岁小儿，是一种常见的儿童肘部损伤，又称"牵拉肘"、"脱臼"。最常见于小孩子要摔倒时，大人拼命拽其胳膊导致。手法复位是治疗本病的主要方法，复位后应注意切勿提拉小儿手臂，防止复发，形成习惯性的脱位。一般4~6岁后，宝宝的环状韧带变得坚韧，桡骨小头长大，就不易脱出了。

（崔玉艳）

防手足口病：
回家先洗脸再亲宝宝

空军总医院感染控制科曹晋桂主任说，父母一回家，都喜欢赶紧抱着孩子亲一口，这个习惯不卫生，尤其是在手足口病高发的季节。因为家长也极易感染到手足口病毒，只是抵抗力强，没有症状表现，但如果已经成为病毒携带者，与孩子接触就容易传给孩子。所以，大人回家最好先洗洗脸和手再抱孩子。

（章小川）

天凉保健小妙招

肚暖——裹个毛巾再盖被

　　早晚或者外出时，可以给孩子穿上一件长袖的外套和长裤，但不需要戴帽子。因为中医认为头为诸阳之会，不宜接近高温，如果头部温度太高，不但对健康不利，还会成为致病因素。从外面回家后，家长不要急着给宝宝脱外套，毕竟婴儿适应温度的能力不及大人，应该先让宝宝稍微适应一下室内的温度后，再脱衣服。中午或者在室内的时候，给孩子穿夏天的衣服——短裤短袖就行。晚上睡觉的时候，只要给孩子在腹部裹上个小毛巾或戴个小肚兜，然后再裹上一条薄毯子就行，这就是肚暖的原则。不建议家长给孩子穿睡衣，那样孩子会感到不舒服。

足暖——最好穿个半筒袜

对于小孩子，无论是在家还是外出，都要给他穿上袜子，较长的半筒袜就很好。白天天热的时候，可以把袜筒卷起来，到了晚上天凉了再把袜筒拉高。这就是保证足暖的较好做法。因为中医认为，人的足部距离心脏最远，最易受到寒邪侵袭。

另外，虽然宝宝不能直接用语言表达自己的冷热感觉，但家长仍可通过宝宝的一些表现来判断孩子的感觉。最常用的是用手触摸宝宝的四肢，如果是温温的，就表示宝宝在当前的温度中感到很舒服；如果摸起来凉凉的，或者是手脚皮肤呈现花花的、犹如蕾丝般的花纹，那就是宝宝在说："我冷了，爸爸妈妈该给我加衣服了！"

受凉——煮个鸡蛋滚肚脐

即便妈妈们一百个小心，宝宝还是有可能因为受凉而出现感冒、咳嗽、拉肚子等症状。受凉腹泻，年龄小一点的孩子，家长可以煮个鸡蛋，趁着热乎劲儿在孩子的肚脐眼周围来回滚动，但要注意不能太烫了，以免烫伤孩子；对于大一点的孩子，可以切块生姜片，贴在孩子的肚脐眼上。

反复感冒的孩子，可以用薏米、山药、大米、红小豆熬粥喝，一周喝3~4次。经常咳嗽的孩子可以用百合、薏米、大米、红小豆熬粥喝，一周喝三到四次。如果宝宝受凉后流清鼻涕但不发烧，家长可用手按孩子的迎香穴（鼻孔两旁约0.4寸的笑纹中取穴），用手按揉两侧，左右方向各100次，一天只要揉1~2次即可。

（谭 华）

可以开始耐寒训练了

秋风一刮，天气逐渐转凉。这时候可以对孩子进行耐寒训练了。南京市妇幼保健院儿童保健研究所主任童梅玲介绍了几项适合中国宝宝的耐寒训练方法：满月后，如果没有风，可以抱着孩子出去散步；如果下雨下雪，可把宝宝抱到窗边透透气。1岁后要坚持户外活动，每次时间不用长，可多次出去。还要注重细节，比如，用冷水给孩子洗手洗脸。在寒风中适当地露露颈、头、手等。

（南京市妇幼保健院　钱　莹）

孩子入园带份简历

北京市东城区大方家回民幼儿园的蔡秀萍园长，有着二十多年的幼儿园教育经验。她建议妈妈们，在孩子入园前，一定准备一份孩子的简历：包括孩子性格是否内向、表达能力和如厕能力如何、喜欢什么样的玩具、饮食偏好、是否为隔代教育为主等，越详细越好。这份简历有利于老师了解每个孩子的情况，配合家长缩短宝宝的入园适应期。

宝宝第一次离开父母，只要一个孩子哭闹，就会哭声一片，有绝食的、有罢睡的，还有打人的，老师如果对孩子的情况了解不全面，很难有效地照顾好每一个孩子，这样宝宝的适应期就会被延长。

相关背景：北京健康教育协会等和惠氏营养品公布的幼儿园新生状况调查显示，近 90% 孩子入园初会出现各种不适。

（刘桥斌）

冬天护肤霜比油好

　　婴幼儿护肤品有 3 种类型：润肤露含有天然滋润成分，润肤霜含有保湿因子，润肤油含有天然矿物油。因为冬天干燥，有保湿效果的霜剂比油的效果好。给宝宝洗完澡后，要趁着宝宝皮肤的水分还没有散发掉就抹润肤霜。选购婴儿护肤品的原则是：不含香料、酒精，无刺激，能保持皮肤水分平衡。

（杨　敏）

吹泡泡练说话清晰

　　南京军区福州总院儿科任榕娜主任医师说，口腔运动功能问题有时也会影响孩子说话的清晰度。因此，临床上发现这类问题的儿童必须进行口功能训练。比如，用软硬适中的牙刷或硅胶棒刺激口腔内的舌、牙龈、颊黏膜和硬腭；改善食物质地，从软向硬；改善口腔协调运动，如教吹泡泡、吹喇叭、用吸管、模仿动物叫声、口腔快速轮替运动等。

（吴志　李政）

先学歌谣保护嗓音

儿童发声器官质地较脆弱，音域较窄，唱成人歌曲，模仿成人的音量、音色和颤动等都会使喉部肌肉过分紧张。所以，幼儿学唱歌往往先学歌谣，熟悉了语言的韵律节奏，然后逐步过渡到学唱歌。

孩子太小的时候直接学唱歌，吹开双侧声带所用的气流压力较大，易使声带与声带边缘受到剧烈摩擦而损伤。如果演唱伴有跳舞动作时，动作不宜过大，歌唱用力别过强。

（敬云龙）

两三岁宝宝口吃不稀奇

育儿手册《斯波克育儿经》中指出，消除口吃的最好办法就是自然。南京市中西医结合医院儿科主任边逊说，两三岁的孩子不要轻易定论为口吃，由于语言功能发育不成熟，掌握词汇有限，想得比说得快，就容易口吃，这是发育性的。家长应耐心倾听，并帮助他慢慢地说，慢慢的这种发育性口吃就会消失。有的宝宝会模仿说话口吃的小伙伴，家长也不用刻意纠正，只要耐心引导宝宝正常说话就可以了。

（杨　璞　侯晓云）

宝宝的另类"说谎"

两岁多的涛涛非要拿奶瓶喝水,爸爸说:"你都快三岁了,用杯子吧",于是他就对妈妈告状说:"妈妈,爸爸不让我喝水。"

3岁的舟舟跑到奶奶那里说:"奶奶,我跟你一起睡。妈妈让我睡在尿里面,爸爸不让我起床。"其实真实情况是,一次舟舟尿床了,妈妈没及时发现。早上6点多,舟舟要起床,爸爸让他再睡会儿。

以上案例中,宝宝并非真在说谎,而是把想象的事当成真的,幼儿有时无法准确分辨现实与想象。家长一般不用刻意纠正,孩子大些自然就好了。

(湖南省儿童医院康复一科护师　黄　琴)

逗婴儿笑好处多

从宝宝出生的第一天起，大人就可以用手去挠新生儿的脸蛋、胳肢窝、小脚丫等易痒的身体部位，并冲着他笑，这有助于新生儿的智力开发。

此时，新生儿虽无法表达自己的感受，但他已能感觉到快乐的气氛，看懂大人的表情，感到身体痒痒的，渐渐地，新生儿的目光会变得柔和起来，嘴角向上而出现笑容。这种情况大概要经过两周才能出现。

而且，这种笑容与新生儿睡前出现的笑容不同，后者是一种无意识的动作，而被逗笑是一种条件反射。如果新生儿被逗笑，说明他已经有了条件反射，也就是说明他能够学习了，所以越早被逗笑的新生儿就越聪明。

如果新生儿出生后10天就能被逗笑，那他就能较早建立条件反射，有了学习能力，智力会发展得快些。

（湖南省儿童医院留观输液科护师　肖冬梅）

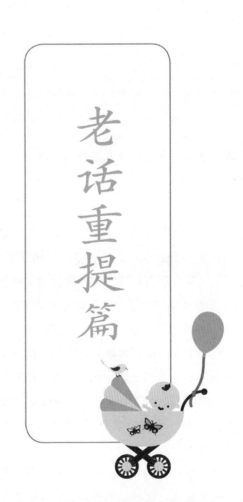

老话重提篇

月月娃，吃寸奶

老话：刚当上姥姥，看着半个月的小外孙体重还没有长上来真着急，俗话说"小孩儿吃寸奶"，我总是催着闺女给孩子一天多喂几次奶。

重提：我国对于刚出生的小宝宝吃奶的描述几乎是统一的："月月娃，吃'寸奶'（每次吃奶时间很短、数量也很少）。"

因为月子里的宝宝胃容量很小，消化功能也非常低，宝宝吸吮力差，易疲劳，加之妈妈乳汁分泌少等，这就要求妈妈只要孩子因饥饿哭闹时就必须及时喂哺。其实，世界母乳协会也提倡按需哺乳、随饿随吃。

年轻人照本宣科地认为孩子出生后就要培养有规律的进食习惯，而对这个"吃寸奶"一点也不理解，结果，我在工作中就会遇到个别因早期喂养不得当而致宝宝满月时体重增长不良的案例。

随着宝宝频繁吸吮，妈妈的乳汁也分泌得多起来，一般母乳 7~10 天后就会增加。宝宝的体重就会在 10 天以后以每日 50 克的速度增长起来了。

但婴儿和成人一样，食量千差万别，新生宝宝对于吃奶的间隔从十几分钟到一两个小时不等。

新妈妈要注意，特别针对巨大儿、早产儿等，为预防低血糖等问题的发生，在妈妈的乳汁分泌不能满足宝宝的需求时，还是要添加少量的配方奶以保证小儿的生长发育需求。添加的同时，至少每日应有 3 次以上的婴儿吸吮或定时吸出母乳。

老话正确率：95%

儿不吃夜奶不胖?

老话：马不吃夜草不壮、儿不吃夜奶不胖。

重提：宝宝吃夜奶是极为困扰妈妈的问题之一，特别是对于上班族妈妈来说，白天有着繁重的工作，回到家有着琐碎的家务，晚上还不能得到很好的休息。因此，每当妈妈在询问这个问题时，请试着想想她们的感受。

婴儿的消化系统就像一台机器 24 小时在工作，昼夜不停地对食物进行加工。而且 1 岁以内胃液中的蛋白酶及脂肪酶均较发达，适宜消化乳类。

从出生到两个月以内的宝宝，妈妈应该按需哺乳、随饿随吃。宝宝 3 个月以后，妈妈可以逐渐摸索出规律，夜奶次数减少。但无论如何，夜间还应定时给宝宝喂 1~2 次母乳，至 1 岁甚至更长时间。既给了孩子营养，也能给他安全感。

人工喂养的婴儿 4 月龄以后，建议逐渐减掉夜奶。晚间休息 8 小时，喂奶次数也随之减少。但应根据具体情况而定，如宝宝的每次摄入奶量较少，也可在夜间增加一次。因为摄入过多含有牛奶蛋白的奶量，会增加宝宝胃肠道负担，而且牛奶在胃肠道排出的时间较母乳慢。

有时候婴儿在夜间醒来并不都是因为饥饿，不要让孩子吃着奶入睡，只允许他吃几分钟，在他吸吮变得缓慢并开始放松、昏昏欲睡的时候停止哺乳。哺乳后即让孩子休息。

老话正确率：80%

食不言、寝不语

老话：食不言、寝不语。

重提：对于小宝宝来说，无非就是吃和睡。许多孩子却在夜间哭闹、玩耍，家长为此十分头痛。很多宝宝是因为没有养成良好的睡眠习惯，条件反射动力定型尚未形成所致的。

宝宝习惯的培养主要是由父母来完成的。下面这些家长的做法是违背"寝不语"教诲的。

1. 睡觉时段，家长看电视、高谈阔论，宝宝也会临摹效法；

2. 爸妈下班，"久别重逢"，宝宝兴奋异常，导致难以入睡；

3. 睡前故事尤其是情节复杂的内容会使宝宝进入情节，大量的血液流向大脑造成难以平静；

4. 睡前询问宝宝白天的活动，如幼儿园的趣事等，会使宝宝陷入回忆中而不能入睡；

5. 有些家长会用"大灰狼、妖怪、警察"等来恐吓，宝宝在这样紧张的情绪中哪能安然入睡？

可见，"寝不语"是有科学道理的。但妈妈哄宝宝入睡时也是亲子交流的大好时机，睡前既要孩子不兴奋，也不能使孩子感觉无聊，应给孩子提供舒适的睡眠环境和足够的心理需求，如抚触、唱摇篮曲等，相信宝宝一定会睡得十分香甜。

老话正确率：
95%

戒夜奶，长痛不如短痛？

老话：当了妈，晚上就没法睡好觉，孩子 7 个多月了，但晚上还是要喝夜奶，老人劝我给孩子戒了奶，说"6 个月时戒夜奶哭 3 天，1 岁后戒夜奶哭 3 周，3 岁再想戒，孩子会自己起来冲奶喝"。是真的吗？

重提：一般 6～12 个月的孩子，晚上要吃 1～2 次奶，一岁以后是 0～1 次。这都是非常正常的频率。年龄越大的孩子，吃母乳可能就变成了他睡眠的联想物，所以会较难戒掉。

相对而言，母乳喂养的宝宝确实是较难戒夜奶的。宝宝的睡眠周期短、浅睡眠较多，新生儿差不多睡上 45 分钟左右就得醒一次，这中间还有一半的时间是在浅睡眠。

家长首先得认清一个事实，不管是母乳喂养的宝宝还是人工喂养的，都不要奢望他们能一觉到天亮。每个宝宝晚上都得经历若干个睡眠阶段。只不过有的翻个身就能睡着，有的必须"喝两口"才能再次入睡。

宝宝喝夜奶虽然会造成妈妈的睡眠中断，不过，夜间哺乳也可以提高妈妈体内有镇静作用的激素水平，反而更容易使妈妈入睡。因此，只要把心态放平和一点，不急不躁，宝宝夜奶造成的睡眠困扰就会很小。

6 月龄以上的宝宝如果有以下几种情况，可以考虑减夜奶：母乳喂养的肥胖婴儿；妈妈工作压力大、睡眠差、身体出现问题等。

老话正确率：80%

小孩儿见风就长？

老话："小孩儿见风就长"，这种说法有道理吗？

重提：神奇小子哪吒，就是"小孩儿见风就长"的典型啊！

我国的《千金方》记载："凡和暖无风之时，母将儿于日中嬉戏，数见风日则血凝气刚，肌肉牢密，堪耐风寒不致疾病。若常藏在帏帐之中重衣温暖，譬犹阴地之草木，不见风日，软脆不堪风寒。"清晨或傍晚，让孩子在户外跑跑跳跳才结实耐寒，多出去活动对增进智力也有好处。

户外锻炼的好处多多，就不一一列举了。有些注意事项供家长参考：

选择适当的时间：冬季一般在中午 11 点到 1 点左右；春秋一般在上午 10 点至 11 点，下午在 2 点至 3 点；夏季一般在 8 点到 10 点及太阳落山后。

穿衣选择要恰当：根据当时的气温，尽可能少穿衣服。

外出前不洗澡：洗澡可将皮肤中的合成活性维生素 D 的材料 7- 脱氢胆固醇洗去，减低促进人体钙吸收的作用。

外出活动不宜空腹：户外活动以后要及时补水，也可以随身带些水为宝宝进行补充。

佩戴帽子遮住眼睛：小婴儿瞬目的功能尚未完善，应避免直接对着太阳照射，可佩戴帽子遮住眼睛。一定别让阳光直射宝宝有湿疹的部位，以免加重湿疹程度。

最后要注意外伤害。

老话正确率：95%

一眠长一寸?

老话：有句老话叫"一眠长一寸"，睡一觉长一寸，即睡得好长得快。我家孩子睡眠不踏实，一听到这老话我就犯愁。

重提：睡眠的时间和质量的确会影响宝宝的生长发育。促进生长作用的生长激素70%～80%都是在睡眠过程中分泌的。宝宝熟睡时，生长速度是清醒状态下的3倍。另外，脑细胞的发育和完善几乎都在睡眠中进行。

正因为家长认识到了睡眠质量对小儿多么重要，所以我特别理解一些家长的纠结。但还是要劝家长，要懂得"普遍规律与个体差异"。

0～1岁的宝宝入睡较慢，一般需要在父母的辅助下，经由20分钟左右的浅睡状态后进入熟睡阶段。相信大多数父母都有这样的经验：抱在怀里的宝宝看似睡着了，但是一放到床上就会苏醒大哭。这就是因为他还没有进入深度睡眠，还需要更多安抚。随着宝宝年龄渐大，这种情况就好多了。

其实，"一眠长一寸"的老话有些片面强调睡眠的作用。要让宝宝得到健康成长，还需要合理的营养和适宜的运动。遗传在很大程度上也决定了孩子的生长潜力，但现在也有不少比父母高很多的孩子，这说明后天因素掌控得好，往往能带来意想不到的效果。

老话正确率：80%

出牙时会拉肚子？

老话：宝宝五个月了，开始长两颗牙，这两天大便有些不太正常，伴有腥臭味，老话说孩子出牙时会拉肚子，这正常吗？

重提：长久以来，对于宝宝出牙时的特殊表现就有各种说法。医学始祖希波克拉提斯就提到过牙齿萌发可能导致生病。18世纪的法国更有一半左右的婴儿死亡被归结为"长牙"。

　　的确，宝宝长牙齿会有不少身体麻烦冒出来，烦躁不安、哭闹、拉肚子、流口水等。大家认定了这些是所谓的"长牙症状"，而不去查究孩子是不是生病了。这种消极的认识往往造成宝宝一些疾病困扰。

　　说到出牙与拉肚子，这中间其实更多的是一种巧合。这个时期的幼儿发育特点是喜欢抓东西就往嘴里塞，再加上此时辅食的尝试和增加，使得宝宝很容易发生腹泻的情况。而6个月后的小儿，因来自母亲的抗体功能减弱，渐渐失去保护，也容易受致病因素感染造成发烧及腹泻。而家长对于宝宝此阶段的发育特点不了解，往往疏于悉心护理，这些现象，就与"长牙"重叠了，所以往往会被认为与"长牙"有关。

　　老话倒也给新妈妈以警示：宝宝出牙阶段要认真做好防病和日常护理。

老话正确率：
20%

婴儿都是"直肠子"

🥜 老话：当妈不久，有个困惑——经常我一喂璇璇奶，她就拉了。

老人说："小孩子都是直肠子，上边吃着下边拉。"这正常吗？

🔮 重提：璇璇妈妈所说是由于新生儿肠道神经发育不完善及肛门括约肌发育不成熟造成的，宝宝的吸吮动作和吸进的奶液，都可能成为刺激源，使肠道蠕动加快，表现为"一吃就拉"的胃－结肠反射。1个月大的婴儿每天大便可多达 7～8 次或更多。

尽管多属正常，但新妈妈还需注意：哺乳妈妈不要吃辛辣生冷食物；不要总给宝宝把便，这会造成宝宝排便次数更多；更换尿布时避免宝宝腹部受凉。

还有一种老人所说的"直肠子"，是对大一点的孩子说的，表现为"吃啥拉啥"，孩子吃完饭立刻就要排便。大便性状如豆腐渣样的粗糙，同时伴有面色差、食欲差、身体瘦弱等。

这种宝宝要少吃高蛋白食物和油腻食物；忌食冷饮、酸奶，少吃水果，还可进行适当的中医调理。

老话正确率：50%

小孩儿都有"蛤蟆肚"？

老话：小孩儿的肚子老是鼓着，像是老人们说的"蛤蟆肚"，这对发育有影响吗？

重提：婴儿发育有许多特点，"蛤蟆肚"就是其中之一。婴儿肠管长度约为身长的 5～7 倍，这是为了有利于吸收摄入的营养成分而促使小儿快速生长发育。婴儿的肠道神经支配功能尚未发育完善，肠壁肌肉不够发达，易受胃肠内容物的影响而变形。而且婴儿食物还是以奶为主，大量的蛋白质消化和分解后的代谢物质使得肠管内容易充气。小婴儿如果肚子瘪瘪的才不正常呢！

两岁后，宝宝的腹围小于胸围，"蛤蟆肚"也就不明显了。

如果宝宝发育指标都正常，精神状态好、体重增长正常、大小便也正常，就不用担心。

也有的"蛤蟆肚"是病态的表现：腹胀明显、呕吐、精神差、腹壁较硬、发亮发红、可摸到肿块；有的伴黄疸、大便异常、发热等，应尽快到医院诊治。

老话正确率：
80%

小孩儿有病饿两天?

老话：我家的宝宝8个多月，前些天发烧，烧退了又拉肚子，现在好了，看见大人吃饭就着急，每日哼哼唧唧，睡觉也不踏实。我感觉孩子是饿的，可婆婆就是不给多吃，说老话说小孩儿有病后饿两天，让肚子休息休息，不然病好得慢。这老话对吗?

重提：这样的老话是对"若要小儿安，三分饥与寒"的片面理解。卫生部出台的《婴幼儿喂养新策略》明确指出：在患病期间，儿童仍应有规律地进食。甚至应提供更多的食物和流食，以帮助孩子及早恢复体力，并在治愈后两周内，每天多吃一餐，进行营养追赶。

宝宝患病期间，在补充水和奶的同时，应少量多次添加较稠食物，如蛋黄稠粥、瘦肉菜粥、面条等，还可以吃点小饼干刺激孩子的食欲。

宝宝病愈应提供额外食物，尽快帮助他们恢复。可少量多次喂食，给予富含多种营养素的食物，加蛋、肉、鱼、菜、豆制品等均衡食物。母乳喂养可增加喂哺次数；配方奶喂养的孩子如不接受辅食，可加大奶量。

如果孩子腹泻严重，医生会根据病情在补充水及电解质的同时，暂时给孩子禁食。一旦症状缓解，大多建议开始补充水及营养食物，而不是擅自停止辅食或是少吃动物性食物。

老话正确率：
0%

总抱着会得抱癖吗?

🌙 老话：女儿39天大，总让大人抱，否则哭得撕心裂肺。我不忍心，可老人说小孩子总抱会得"抱癖"，难戒。

💧 重提：这话我也时常听到，可还有另一种老话："小孩儿是抱大的"，看来，老辈人也很矛盾。

"抱癖"说的支持者认为，少抱的小孩儿更容易自立，所以很多妈妈揪心地看着孩子哭而不敢伸手抱。可这样母子双方是否都受到了严重的心理伤害呢？

美国心理学家哈洛把新生小猴与母猴分开，又制作了两个"母亲"，一个用金属丝做，另一个是用布做。给这两个"母亲"安上自动装置，使他们能发热、喂奶、慢慢地摇晃。结果，小猴最喜欢的是温暖而柔软的布制"母亲"。哈洛博士指出，成人的抚爱是孩子心理正常发展的需要。

多抱抱小宝宝好处多多，我的观点是：新生儿要适当多抱，尤其是哭泣的宝宝。但当孩子有了一些自主运动后(一般在4月龄左右)，如翻身、主动抓握，家长应多与宝宝交流和玩耍，而不要总抱着，以免束缚孩子的发展。

老话正确率：
20%

剃光头就能长出好头发?

🌰 **老话**：我姐的头发又黑又亮，比我好多了，我妈说小时候给她剃过三次光头，而我一次都没剃过。剃光头长头发的老话看来挺有道理的。

💧 **重提**：这位妈妈的情况应该不是剃头的原因，因为这句老话是不科学的。头发是与体质、营养和遗传有密切关系的，而不是反复剃光头能解决的。

给宝宝剃头的做法还十分危险。因为婴儿颅骨柔软，皮肤薄嫩，剃刮很容易损伤皮肤而引起感染，不但头发长得不好，反而会弄巧成拙。建议不一定要剪掉胎发，尤其是已经长了湿疹的头皮更不要剃刮，否则更易感染。

一个人长多少根头发，从胚胎6个月时就决定了。大部分宝宝要到1～2岁时头发才会均匀浓密，甚至还有一部分孩子的头发到两岁以后才慢慢浓密起来，所以妈妈们不必太担心。

家长应从以下方面努力：保证营养均衡和充足睡眠，日常勤护理清洁，还要经常户外活动。

老话正确率：
0%

宝宝认母时，妈妈落头发？

老话：不少老人说宝宝认妈的时候妈妈就开始掉头发了。不知有没有根据？

重提：35% ~ 45% 的产妇会发生这种现象。怀孕后体内激素分泌量大大增加，对妊娠和胎儿发育起决定性的作用，同时也会促进头发的生长。分娩后体内诸多激素便会大量减少，对头发的支持作用也会降低，就会表现为脱发。

此时宝宝的发育规律之一也表现在两个月以后逐渐认识妈妈了，看见妈妈时会微笑，四肢舞动，口中发出"哦哦"的声音。这种落发和宝宝发育的表现时间的吻合便衍生出了老话"孩子认母，妈妈落发"来。这种表现会随着产后 6~10 个月雌激素水平渐渐提高、妈妈的体质恢复后而自动停止。

要想减少脱发，妈妈们要保证心情舒畅；多吃富含蛋白质的食物；经常用木梳梳头；适当服用维生素 B1、谷维素及钙等。

如产后落发合并体力微弱、体重增长等，应警惕甲状腺机能低下。

老话正确率：90%

摸囟门，小孩儿会变哑?

老话：月子里有人来看宝宝，抱起宝宝摸了摸头，奶奶惊叫"不能摸"，说摸了囟门孩子将来就变哑了，弄得朋友很尴尬。

重提：前些天为一个3个月的宝宝测量身长时，家长竟然指责我将孩子的头碰到了卧尺的挡板上，会影响今后孩子的说话……看来"碰了小孩儿囟门，就变哑巴"的老话，仍然很有生命力。

首先，这句老话没有科学根据，但也不是耸人听闻。因为以前人们对事物的认识有局限，而且前囟门的关闭与小儿语言发育的时间是比较吻合的。

囟门是宝宝两块额骨与顶骨之间形成的一个无骨的，只有脑膜、头皮和皮下组织的菱形空间，称为前囟门，后囟门在宝宝出生后的2~3个月时就已经闭合了。

前囟门一般应于出生后12~18个月闭合。也差不多是这个时间，大部分小儿开始学说话了。

又因为小儿身体部位发育最早的就算头部了，所以对孩子头部的呵护当然要加倍了。因而就得来了不能碰宝宝囟门的说法。

前囟门闭合的早晚，反映着脑部的发育情况，也反映骨骼系统的发育情况，闭合过早可能是由于脑不发育或发育太慢。

老话正确率：0%

耳屎必须要掏吗?

老话：宝宝 4 个月了，她奶奶坚持让我给她掏耳屎，为此还跟我生气，说不掏耳屎孩子听力不好。

重提：应该好好劝劝老人，有数据统计，患外耳道感染的儿童中，85% 以上的家长都有给孩子掏耳朵的习惯或直接因掏耳致伤而感染。

小儿耳部组织娇嫩，免疫能力差，耳膜的黏液层缺少溶菌酶物质，杀菌能力低。一旦皮肤被划伤，致病菌就非常容易进入中耳，引起化脓性中耳炎，还会发生外耳道疖肿、乳头状瘤。

另外，孩子好动，掏耳朵时如果突然挣扎，容易损伤耳膜。

其实，耳屎（耵聍）不必人工清除，它会在说话、吃饭时，随着下颌运动，借助汗毛推动，自动被排出。反而是越掏越会造成耳屎分泌增多。

如果需要清除耵聍，耳科医生会用特制的耵聍钩把它取出。

老话正确率：0%

婴儿脖子啥也别挂

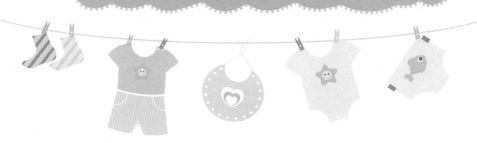

老话：我家是满族，听说小宝宝出生有"洗三挂线"的习俗，要在脖子上挂东西，这样对宝宝是不是不太好？

重提：本人可是正宗的旗人后代，这个问题算是问着了。"洗三挂线"在清代学者西林觉罗氏西清所著《黑龙江外纪》一书中谈到过，意思是说生子满三天必须要"洗三"（洗澡），洗三之日要"挂线"，就是用蓝白二色线和碎布条捻成"索"挂在孩子脖子上……

但这个风俗对孩子健康很不利。理由有三：

1. 小婴儿睡眠时常会扭动身体、眨眼、皱眉等，这是小儿运动睡眠和浅睡眠的表现，会使孩子筋骨得到锻炼，也会促进血液循环保证发育。挂上的"线"可能会勒住孩子颈部两侧的大动脉而影响到宝宝头部的血液循环。

2. 新生儿皮肤厚度仅为成人的1/10，挂线可能因摩擦皮肤而导致皮肤破溃感染。

3. "挂线"仪式的举行难免高朋满座，试想一个三天大的小宝宝怎能忍受如此嘈杂和污浊的环境？感染概率会大大增加。

另外，在门诊中也没少见"挂线"的大宝宝——长命锁、金项链、玉器挂件、小肚兜兜。

小儿头部是出生后发育最快速的身体部位，随着宝宝睡眠姿势不断变换，这些挂在脖子上的"附加物"就会变为隐患，威胁着孩子的生长和安全，这绝不是耸人听闻。

老话正确率：0%

宝宝的鼻子捏不"挺"

老话：我跟老公鼻梁都很高，偏偏小易生下来就是个塌鼻子，小易的奶奶让我喂奶的时候，时不时捏捏小易的鼻梁，还说可以拿筷子夹夹。

重提：按照这种老话的做法，非但起不了作用，还会损害宝宝的健康。

婴儿早期体重增长最快，我们看到的是一张张"满月脸"。这个阶段瘪鼻梁和两眼的间距宽的特征很明显，有的鼻孔还是朝天状。其实，除了遗传代谢病外，这是小儿正常的外貌特征。

当宝宝前囟门在 1 ~ 1.5 岁闭合以后，面骨及鼻骨才开始加速生长发育，鼻梁也就慢慢长出来了。

鼻骨骨骼的变化受激素分泌的影响，会一直持续发育到青春期后才会日趋成熟。另外，鼻梁的高低还应考虑到遗传、发育速度、早期的营养、鼻外伤等因素。

因为小儿的鼻梁骨是软骨组织，鼻腔黏膜娇嫩、血管丰富，常捏会损伤黏膜和血管，降低鼻腔防御功能，容易被细菌、病毒侵犯。

另外，小儿的耳咽管较粗、短、直，乱捏鼻子会使鼻腔中的分泌物通过耳咽管逆行进入中耳，引起中耳炎。

还有的小孩鼻梁过低可能是疾病表现，要及时就医，而不是捏鼻梁。这种情况往往伴随着体格发育慢、智能落后。

老话正确率：0%

睡觉："拜四方"是有病吗?

🍃 老话：我家宝宝10个半月了，每天睡觉在床上"拜四方"，每次夜里醒来小家伙都会在不同的地方。

🌀 重提：老话"拜四方"的睡姿其实是发育中的正常现象。只要宝宝发育正常，白天精力充沛、活动自如、吃饭和排泄正常就没问题。

从小到老，人的翻身次数渐渐会减少。宝宝有点不舒服就翻身，大人则需要更大的刺激才翻身。再加上小儿神经系统未发育成熟，如果白天玩得兴奋或受到惊吓，睡觉后大脑仍较兴奋，就睡不安稳。

另外，1岁内是宝宝一生中增长最快的时期，而且大脑中垂体分泌的促生长激素在夜间分泌最多，这种分泌呈脉冲式，孩子的睡姿也许就会受到这种刺激而不断变换，如果一个半岁多的孩子长时间处于一种睡姿，反而应考虑大脑发育出现了偏差。

如果不断翻滚还伴有哭闹，就往往与饥饿、寒冷、过热、受惊吓、积食、腹痛等有关了。如果家长不能确定，建议带宝宝去医院检查确诊。

我的小孙子10个多月了，这一阵子跟我睡觉，我可算亲历了"拜四方"的老话。我的心得是，晚6点以前给孩子吃饭，9点左右喝配方奶后入睡，孩子夜间翻腾得明显减轻；过热过冷孩子会翻腾严重；睡前不玩捉迷藏等兴奋游戏。最后提醒家长做好防护，防止孩子睡中窒息和坠床的发生。

老话正确率：20%

趴着睡觉因肚子里有虫?

老话：我家儿子现在一岁半，总趴着睡觉，我妈妈担心他是不是肚子里有虫?

重提：95% 的小儿都有不同程度的肠道寄生虫病（蛔虫、蛲虫等）。可能是由饮食不洁引起，也可能是过食生冷滋腻之品，积湿成热，为诸虫滋生创造条件。

患病幼儿大多有如下表现：

1. 孩子常喊肚子痛，尤以脐周为多，揉按后可缓解。因此，睡觉常会出现趴着睡姿。

2. 易惊醒、磨牙和流口水。如果是感染了蛲虫，孩子在夜间 12 点前后常因肛门瘙痒而过度翻身，搔抓肛门处，也有趴睡睡姿。

3. 面部、颈部长"虫斑"。

4. 白眼球有蓝色小斑点。

5. 无明显原因反复出现"风疙瘩"。

6. 异食癖。

7. 吃得多且好饥饿，爱吃零食，但消瘦。

这么看起来，孩子肚子里有虫确实可能间接导致趴着睡，但最终还是要请医生进行综合分析。

说到趴着睡，这对宝宝是一个睡眠姿势的自由选择，家长不必过于担心。

老话正确率：
20%

爱放屁说明长得好？

老话：宝宝1个多月，现在特爱放屁，婆婆说：小孩爱放屁说明长得好，"屁长、屁长"吗！

重提：婴儿出生后前几个月主要是以乳类作为唯一营养来源。随着奶量的增加肠道产气也会较多。"屁长"一说大概是因为孩子吃得多所以放屁多也就长得快吧！

其实，放屁和长个子之间没有直接联系。放屁是体现宝宝肠胃状况的一个重要信号。乳类中含有较高的蛋白质，经消化分解产生了大量的气体，加之宝宝胃肠发育还不成熟，更易出现肠道胀气、排气，这时宝宝会因不舒服而频繁哭闹。

婴幼儿还是过敏的易发人群，如果腹胀明显，特别是喝了添加了配方奶的宝宝，放屁多且哭闹，可能是对牛奶蛋白过敏。

预防小儿腹胀的办法：提倡母乳喂养，哺乳妈妈应避食：红薯、土豆、洋葱、生蒜、甜食等易产气食物。

积极预防肠道感染。避免宝宝因过于饥饿而肠蠕动过快，也应避免喂养过剩，增加肠道负担。

如宝宝对牛奶蛋白过敏，可尝试水解蛋白配方奶粉。

宝宝吃奶后给他拍拍嗝。也可在喂奶后至少一个半小时，让孩子仰卧在床，帮助他轻缓地蹬腿。

可以试着把宝宝平放，将手伸进他的衣服里，轻轻地呈顺时针方向为他按摩小肚子。

老话正确率：20%

周半周半翻箱倒罐

🌙 **老话：**老人常用"周半周半，翻箱倒罐"来形容小孩子的淘气，周半就是1岁半，难道孩子真是从这个时候开始变得格外淘气的吗？

🌙 **重提：**这句老话生动地表示出了孩子们智力和运动具有里程碑的生理发育规律。其实很多小宝宝自打会独立行走时就已经在验证这句老话了。这不，咱那小孙子1岁两个月，长得又高又壮，11个多月时已经独立行走了。随之而来的是到处乱摸乱抓，抽屉柜门统统拉开要探究里面的秘密，尤其是厨房和卫生间，是他最爱走进去的地方。

　　1岁小儿能够控制住自己的部分动作，四处走动，还能攀爬，甚至超越障碍物。通过摆弄各种物体，手的小肌肉运动也得到了锻炼，从而能够感知事物的特点，认识动作与效果之间的联系。可接触到更多人并与之交往，有助于消除孩子的孤独感和对亲人的依恋与依赖，为进入社会做好准备。

　　老话总结得很贴切，也同时提醒家长这个阶段是预防小儿意外伤害的重点年龄段。以下是不同年龄伤害发生的常见原因，供家长们参考：出生到6个月——窒息；6个月到3岁——坠落伤、气管异物、误服、烫伤；3岁到6岁——外伤、误服；6岁以后——交通事故、溺水。

老话正确率：100%

吃猪尾巴治疗流口水?

老话：宝宝13个月大，"哗哗"地流口水，老人让买猪尾巴给宝宝吃，请问这个管用么？

重提：从4个月开始，唾液腺的发育逐渐成熟，唾液分泌增加，4～6个月每天大约可分泌200毫升唾液。特别是到了出牙前后，唾液分泌量进一步增加。

婴儿流口水的现象在医学上称为生理性流涎，是发育中的正常现象。生理性流涎伴随着乳牙的出齐、口腔深度的增加及吞咽功能的完善，大约在1岁半以后会逐渐消失。

至于吃猪尾巴治疗流口水的说法是没有科学依据的。相反，由于孩子胃肠功能还没有发育完全，易发生消化不良。或许吃猪尾巴是让孩子在吸吮猪尾巴的同时，培养吞咽能力吧！

还要注意区分是否发生了病理性流涎。病理性流涎多见于口腔炎、牙龈炎，宝宝表现为食欲差、烦躁，有的孩子体温也会升高，吃奶或吃饭时因疼痛而哭闹。因此，平时应注意饮食平衡，必要时去医院诊治。

温馨提示：本书中的方法与案例未必适合所有的小宝宝，每个孩子体质不同，若出现病症请及时就医。

图书在版编目（CIP）数据

宝宝更强壮 / 健康时报编辑部主编；水冰月绘 . — 北京 ：中国科学技术出版社，2016

（宝宝轻松带）

ISBN 978-7-5046-7131-8　Ⅰ．①宝…　Ⅱ．①健…　②水…　Ⅲ．①婴幼儿－哺育　Ⅳ．① TS976.31

中国版本图书馆 CIP 数据核字（2016）第 074391 号

策划编辑：肖　叶
责任编辑：邵　梦
封面设计：朱　颖
图书装帧：参天树
责任校对：王勤杰
责任印制：马宇晨
法律顾问：宋润君

中国科学技术出版社出版

http://www.cspbooks.com.cn

北京市海淀区中关村南大街 16 号

邮政编码：100081

电　　话：010-62103130

传　　真：010-62179148

科学普及出版社发行部发行

鸿博昊天科技有限公司印刷

开　　本：720 毫米 ×1000 毫米　1/16

印　　张：10.5

字　　数：170 千字

2016 年 7 月第 1 版　2016 年 7 月第 1 次印刷

ISBN　978-7-5046-7131-8/TS・85

印　　数：1-3000

定　　价：39.80 元